经全国职业教育教材审定委员会审定
"十四五"职业教育国家规划教材

创新思维与训练

（第二版）

主编／王志凤 张霆辉

副主编／谢鑫建 彭友

编委／秦蔚蔚 盛莹 李晟 尚骁原

南京大学出版社

图书在版编目(CIP)数据

创新思维与训练 / 王志凤,张霆辉主编. -- 2 版.
南京:南京大学出版社,2025.1.(2025.8 重印)-- ISBN 978 - 7 - 305
- 28833 - 3

Ⅰ. B804.4

中国国家版本馆 CIP 数据核字第 2025XP2743 号

出版发行   南京大学出版社
社   址   南京市汉口路 22 号   邮   编   210093

书   名   **创新思维与训练**
          CHUANGXIN SIWEI YU XUNLIAN
主   编   王志凤   张霆辉
责任编辑   武   坦   编辑热线   (025)83305645

照   排   南京私书坊文化传播有限公司
印   刷   南京鸿图印务有限公司
开   本   787mm×1092mm   1/16   印张   10.75   字数   235 千字
版   次   2025 年 1 月第 2 版
印   次   2025 年 8 月第 2 次印刷
ISBN   978 - 7 - 305 - 28833 - 3
定   价   42.00 元

网   址   http://www.njupco.com
官方微博   http://weibo.com/njupco
官方微信号   njupress
销售咨询热线   (025)84461646

前　言

习近平主席在党的二十大报告中指出:"教育、科技、人才是全面建设社会主义现代化国家的基础性、战略性支撑。必须坚持科技是第一生产力、人才是第一资源、创新是第一动力,深入实施科教兴国战略、人才强国战略、创新驱动发展战略,开辟发展新领域新赛道,不断塑造发展新动能新优势。"

创新不易,玉汝于成。创新是一个民族兴旺发达的灵魂,是一个国家经济发展的动力。新时代是奋斗者的时代,只要有梦想、有机会、有奋斗,就能够创造出无愧于青春、无愧于时代的辉煌业绩。

青年是国家和民族的希望,他们富有想象力和创造力,是创新的有生力量。创新,是青春远航的动力;创新思维,更是一门科学。我们需要对其进行积极和有益的探索,从中找到某种规律,并通过训练等方式来提高大学生的创新能力。如何激励大学生敢做创新先锋,让青春年华在为国家和人民的奉献中发出绚丽光彩,是高校创新教育的重要课题。

为贯彻落实《国务院办公厅关于推广支持创新相关改革举措的通知》(国办发〔2017〕80号)等相关文件要求,主动适应新时代对高校创新教育的新要求,规范课堂教学内容,进一步提高教学质量,我们启动了本书的编写工作。本书的编写坚持以习近平总书记系列重要讲话精神和创新驱动发展战略为指导,强调以提高学生创新素质、服务学校创新教育水平提升为重点,反映国内外创新教育的新理念和趋势,增强教材内容的实用性、可读性和趣味性,努力帮助大学生在入学之初即打开创新大门,全面认识创新思维,为成为具有创新精神和创造力的新时代人才打下坚实基础。

本书特色鲜明、重点突出。从体例上看,本书贴近学生、引人入胜:一是以创新案例为切入点,启发学生思考;二是以经典名句为指引,激发学生热情;三是以生动有趣的热身活动为调剂,拓展学生思维;四是以情景模拟为练习,加深学生理解;五是以复习思考题为媒介,巩固所学知识。从内容上看,本书条理清晰、讲解透彻:深入浅出地介绍了创新概述、激发创新意识、培养创新思维、探索创新实践、实现自我提升等六方面内容,实现了创新思维与创新实践的完美结合,为青年学生展现了从创新想法到行动转化的全过程。从形式上看,实现书课结合、移动学习:编写团队精心设计制作了一系列微课作为本书的配套教学资源,读者扫描书中二维码即可观看视频。综上,本书既可以作为高等院校创新教育课程教材,也可以作为大众读物,帮助人们了解、学习创新知识。

本书在编写过程中,还有幸得到了许多同行的帮助和支持,也吸收并参考了相关书籍和论文,在此表示衷心的感谢!希望这本书能够对读者有所助益。

编　者
2024 年 12 月

课程导学

目　　录

模块一　创新概述

导读案例

创新企业要走红，更要走远

上传一张照片，系统就能自动识别出人脸，再给出一个测定的年龄。测得年轻的暗自开心，测得年龄大的抱怨不准，一款软件在朋友圈流行，引起了不少议论。朋友说："保养了这么多年的脸，能被软件认可，也算是得偿所愿啊。"

其实，无论电脑显示的数字比实际年龄小还是大，背后的依据并不科学，当然大家也并不太在意。可就是这样一款软件，在满足人们好奇心的同时，也借助朋友圈的传播力满足了人们的表现欲，火起来理所应当。

从早先的美图秀秀，到后来的"脸萌""足记"，图像处理的软件屡屡出彩，说到底都是通过创新功能，满足了用户的某些需求。从默默无闻到一夜间大红大紫，这是当前一些创新型企业，特别是移动互联网时代创新企业的起步发展之路。

但是，发展的第一步虽已迈出，后面的路并不平坦。后续创新乏力与消费者快速的"喜新厌旧"，让企业面临着巨大的发展压力。

比如"脸萌"，在经历一段时间的火爆后，有网友留言说："玩一阵子就没意思了，希望有突破，毕竟头像不会老换。"再比如"足记"，随着其他应用软件迅速接入"大片"模式，也进入了发展的瓶颈期。

有咨询机构指出，目前手机应用软件的生命周期平均只有 10 个月，85％ 的用户会在 1 个月内将其下载的应用程序从手机中删除，而到 5 个月以后，这些应用程序的留存率仅有 5％。

因此，如何持续保持创新活力，不断满足用户需求，是创新型企业面临的最大难题。

小组活动

你认为，创新型企业如何才能持续保持创新活力？

1.1 创新的基本概念

有一家公司招聘管理人员,给每位应聘者发了一根米尺,要求测出这幢20层大楼的高度。应聘者有的利用几何知识烦琐地计算;有的爬到楼顶用绳子系上米尺测量……

你会怎么做?

一、创新的内涵

创新是指在前人基础上的一种超越,只要能在前人或他人已有成果上有新的发现,提出新的见解,开拓新的领域,解决新的问题,创造出新的事物,或者对既有成果进行创造性地运用,都可以称为"创新",比如科学创新、技术创新、管理创新、制度创新、企业创新等。它们所表明的是作为认识主体的人(个体或团体),通过某种创造性的活动达到了革旧出新的效果,其中既包括新事物的出现和采用,也包括旧事物的改革和创新。

二、创新的三大要素

创新在很多人看来就是"新",就是"独一无二"。比如,设想制造一架可以在太阳上着陆的飞船,看起来这样的想法非常新颖,但是该想法现在是否可以实现、成本会有多高等也是值得考虑的,所以创新应该具有三大要素,如图1-1所示。

(一)用户潜在需求的渴望性

创新的产品、服务或者内容一定是用户渴望的,是和别的产品、服务或者内容有区别的,甚至"独一无二"的。这里强调的是"新",并且是用户渴望的。

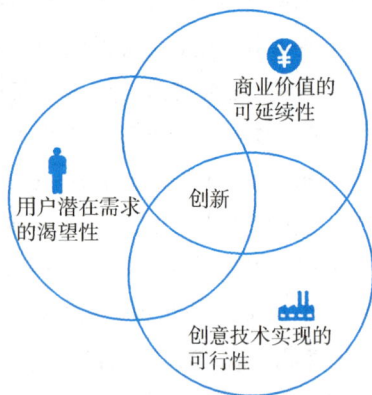

图1-1 创新三大要素

把瓶口开大一点

可果美与森永都是日本知名的番茄酱品牌,但可果美的销量是森永的两倍以上,尽管森永多方面推销,仍然无法与之匹敌。

后来,森永的一位推销员向公司建议:将番茄酱的瓶口开大一点,让汤匙可以伸进去。

森永采纳了这一建议,居然销量很快就超过了可果美。

瓶口太小,使用时必须用力摇晃才能倒出番茄酱,最后还会有一部分留在瓶子里倒不出来。只要把瓶口开大一点,这些问题就迎刃而解了。

——http://www.sohu.com/a/117559448_508482

(二)创意技术实现的可行性

有了新的创意,并不代表创新,该创意还要能够落地,有技术和实力保证该创意可以实现,要研究创意的可行性。

(三)商业价值的可延续性

将独一无二的创意进行落地,并且确保其可行性,但是由于其成本过高,价值没有得到充分体现,也不是创新。创新的第三大要素就是其产品、服务或者内容可以大规模地推广。

创新一定要考虑上面的三大要素,用户渴望的新创意、技术的可实现性以及可以普及推广,三者缺一不可。

三、创新的原则

对于外部世界来说,创新是一项直观的社会实践,而对于创新者个人来说,创新又是一段曲折的心理路程。没有人生来就是创新者,也不是所有的奇思妙想都能算作创新。如果没有正确的原则、规范及过程指导,那创新活动就很有可能变成钻牛角尖,甚至误入歧途。

创新的原则是依据创新思维的特点,对人们所进行的无数创新活动的经验性总结,也是对客观所反映的众多创新规律的综合性归纳。因此,它能为人们更好地认识创新活动,更好地运用创新方法,更好地解决创新问题提供条件。

(一)由浅入深原则

"千里之行,始于足下""不积跬步,无以至千里",这些看似陈旧的观念其实并没有过时,对于现代创新来说仍是最佳的注脚。如今的人们生活在一个高度分化的世界,职业之多、新职业诞生之迅速都是前所未见的,而像过去工业革命那样大开大合的现象已绝难再有。

因此,处于这个时代背景下的人们,都追求一种"精致主义":无论是职位还是所用物品,都必须是"精英"。弄清楚了这个时代的背景,就能理解为什么会有"抢购日本马桶""代购韩国化妆品"之类的社会现象,也就明白了创新的第一个原则——由浅入深。

当下的任何岗位、任何事物,都是经历数次分化后留存下来的,因此都有不可替代的作用。不管这个作用再怎么小,只要一丝不苟地追求下去,深入挖掘它的潜力,那最后体

> 有效创新都从小处开始,而并非宏伟壮阔。
> ——彼特·德鲁克

现出来的价值也会比浮夸不实、哗众取宠的东西要大得多。放眼看看任何大公司,毫无例外地都兴起于微末。微软专注于曾被 IBM 视为鸡肋的软件业务,而成为世界上最有价值的公司;苹果之所以能靠 Macintosh 震动业界,很大程度上是利用了被施乐(Xerox)忽视了的创新技术。

由浅入深的好处之一就是让你能够经得起失败,摔了跟头,站起来,拍拍尘土,再试一次,最后你终究会成功。

(二)跨界组合原则

"由浅入深"原则可以确保创新的方向不至于偏离正确轨道,因为它基于一项有价值的工作,但要想推广创新或形成创业公司持续的创新能力,光靠这一点还远远不够。当下的创新更注重对外部信息的整合与判断,而不是独自一人的刻苦钻研。以前我们容易把创新者想象成独自立于高山之巅的人,他会从山上下来,向世人宣告所得到的启示,但事实是,重要的突破通常来自各个领域知识的集合。

遗传学的发现就是很好的例子。1865 年,孟德尔发表了豌豆的遗传特性的开创性研究,但直到半个世纪后,这个概念才与达尔文的自然选择理论相结合,从而在医学和科学领域造成了一股创新的洪流。更近一点的例子是苹果的生态系统,乔布斯推出 iPod 时,市场上已经充斥着各种数字音乐播放器了,但他把 iPod 和 iTunes 捆绑在一起,使内容更易获取,也更符合音乐公司的利益。接着他又把 iPhone 等产品加入这个组合,创造了更多的组合和更多的价值。

(三)坚持不懈原则

组合的问题在于找到正确的组合耗时甚久。Larry Page 和 Sergey Brin 把学术引用系统和计算机科技结合到一起,开发出了世界上最好的搜索引擎。然而,直到数年以后他们才遇到 Overture 的商业模式,找到了能赚钱的组合。在荒野里摸索了几年后才找到成功的康庄大道,这种事情并不少见。Sony 一开始是一个失败的电饭锅生产商;HP 一开始做的是一些奇奇怪怪的小玩意儿,如自动马桶冲洗装置和震动人体帮人减肥的机器。Jeff Bezos曾在采访中强调了坚持不懈、不屈不挠在 Amazon 的成功中的重要性。他说:"我们执着于远见,而在细节上更灵活。我们不会轻易放弃。"很多时候,看上去光芒四射的东西,其实是一些人咬牙挺过了多年的失败后才做出来的。

四、创新的意义

(一)创新对于国家发展的意义

创新是新时代的主旋律。党的十八大提出实施创新驱动发展战略,强调科技创新是提高社会生产力和综合国力的战略支撑,必须摆在国家发展全局的核心位置。党的十九大报告指出,创新是引领发展的第一动力,是建设现代化经济体系的战略支撑。实施创新驱动发展战略,加快实现由低成本优势向创新优势的转换,可以为我国持续发展提供强大动力。实施创新驱动发展战略,对提高我国经济增长的质量和效益、加快转变经济发展方式具有现实意义。科技创新具有乘数效应,不仅可以直接转化为现实生产力,而且可以通过科技的渗透作用放大各生产要素的生产力,提高社会整体生产力水平。实施创新驱动发展战略,可以全面提升我国经济增长的质量和效益,有力推动经济发展方式转变。实施创新驱动发展战略,对降低资源能源消耗、改善生态环境、建设美丽中国具有长远意义。实施创新驱动发展战略,加快产业技术创新,用高新技术和先进适用技术改造提升传统产业,既可以降低消耗、减少污染,改变过度消耗资源、污染环境的发展模式,又可以提升产业竞争力。

（二）创新对于社会发展的意义

人类社会的发展和进步,是通过不断创新来实现的。创新不仅是推动人类文明进步的主要因素,而且也是保护和传承文明的主要动力。一个民族如果没有创新的能力,既无法在激烈的竞争中生存和发展,也无法保护和传承本民族优秀的文化传统。只有不断创新,才能永葆自己的文化特色,才能永远屹立于世界民族之林,才有可能继承和弘扬民族文化。因此,创新是一个民族的灵魂,是一个国家兴旺发达的不竭动力。

（三）创新对于企业发展的意义

对于一个企业而言,创新可以包括很多方面:技术创新、体制创新、服务创新……创新是实现可持续性商业成功的必要因素,创新能够在市场波动的环境中保护企业的有形资产和无形资产,维持企业的健康发展。能够持续产生效益的创新是个动态发展的过程,并贯穿企业发展的各个方面,体现在持续不断地发掘新的商业模式、激发有效的创意、改善客户体验、应用新技术、开发新产品、开拓新市场等方面。

（四）创新对于个人发展的意义

提升当代大学生的创新能力,有着重要的意义和作用。一方面,为经济发展提供动力。知识经济的发展,对创新型人才的需求已经逐渐提高。在这种情况下,社会拥有创新型的人力资源,就能够推动社会经济的发展,也就提高了我国的综合国力和竞争力。反之,一个缺少创新型人才的国家,也就不具备强大的知识储备和创新能力,就不能适应当前知识经济的发展。当前知识经济发展的核心是国家能否培养出具有创新能力的现代化人才,所以需要各大高校共同努力,不断提高大学生的创新精神和创新能力,以便能够不断为社会输送高素质的人才,也在一定程度上促进了大学生就业。另一方面,促进大学生的长远发展。随着社会经济的不断发展和进步,企业对大学生的创新能力有了新的要求。高校提高大学生的创新能力,不仅能够适应企业对人才发展的需要,还能有效地提高大学生的素质,使他们能够成长为人才。同时,当代大学生作为社会发展的中坚力量,需要不断提高自身素质和创新能力,进而促进自身的长远发展。

1.2 创新的类型与过程

热身活动

唱 反 调

1. 游戏规则:改变平时习惯,改变常规思维,做出与要求相反的动作。
2. 听口令,集体完成。
(1)抬头;(2)坐下;(3)向左看;(4)举左手;(5)摇头;(6)男生起立;(7)双手放下。

一、创新的类型

创新有四大类型,即变革创新、市场创新、运营创新和产品创新,如图 1-2 所示。随着互联网、物联网的崛起,市场创新越来越受到重视,像电子商务就是这样的产物。无论是企业转型、盈利模式、结构重组、流程再造、客户服务、客户体验,还是市场营销、品牌推广、销售渠道,都需要创新。

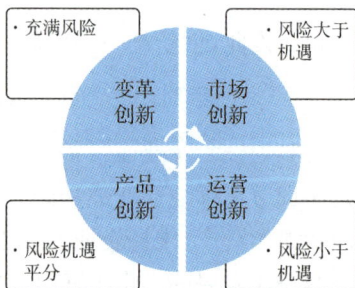

图 1-2 创新的四大类型

(一)变革创新

变革创新会对社会、国家产生巨大影响,一般是划时代的标志。比如,蒸汽机的发明将手工作坊式生产推广到机械化的大规模生产,也就是第一次工业革命所开创的"蒸汽时代"(1760—1840 年),标志着农耕文明向工业文明的过渡,这是人类发展史上的一个伟大奇迹。第二次工业革命进入了"电气时代"(1840—1950 年),使电力、钢铁、铁路、化工、汽车等重工业兴起,石油成为新能源,并促使交通迅速发展。世界各国的交流更为频繁,并逐渐形成一个全球化的国际政治经济体系。第二次世界大战之后,计算机的发明开启了第三次工业革命,更是开创了"信息时代"(1950 年至今)。全球信息和资源交流变得更为迅速,大多数国家和地区都卷入全球化进程,世界政治经济格局进一步确立,人类文明的发达程度也达到空前的高度。第三次信息革命方兴未艾,还在全球扩散和传播。第四次工业革命(工业革命4.0)是"信息物理系统"的出现,物联网将机器与机器、人与机器、计算机、互联网与人之间相互连接。人人可以定制产品或服务,利用移动设备,不需要现场工作或者办公就可以远程控制智能工厂、智能设备、智能交通、智能生活等。

(二)市场创新

市场创新就是随着社会的发展,企业为了开辟新的市场、扩大市场份额而产生的创新模式。例如,电子商务使营销模式发生了巨大的变化,特别是线上线下的互动(O2O)给企业带来了巨大的销售机会,开辟了新的销售市场。这里包括营销创新、商业模式创新、客户服务创新、销售创新等。

（三）产品创新

所谓产品创新,即站在客户的角度发现客户的潜在需求,寻求新的产品;或者发现老产品的问题,研究客户的投诉、客户的真正痛点,从而对产品进行功能上的扩展和技术上的改进。全新产品创新的动力机制既有技术推进型,也有需求拉引型。改进产品创新的动力机制一般是需求拉引型。产品创新的风险比变革创新、市场创新的风险都要小一些,产品创新是针对企业的产品技术研发活动而言的。

（四）运营创新

运营创新是对企业内部的流程、规范、规章制度、生产工艺、组织架构、采购、物流、库存、财务、人力资源、数字化、设备管理和维修等进行变革,风险相对较低。比如,医院从以部门为中心的流程,改造成以病人为中心的流程。原来病人需要先挂号再去看医生,如果需要透视、化验,就要先划价再交费,然后才能进行透视,等到化验结果出来,再拿着化验单去看医生。现在的医院对流程进行了改造,利用计算机、互联网、物联网技术,只要医生开完化验单,就不需要再进行划价,甚至连交钱都可以在医生旁边的POS机上或者扫二维码完成。这样就不需要病人不停地移动,而医院内部的流程则由计算机来完成。公司复杂的审批流程,看起来是为了规避风险,结果往往是快速反应的绊脚石。如何加快企业的审批速度成了每个企业面临的"痛点"之一。如何通过数字化技术实现流程规范化呢? 有很多的管控点可以运用人工智能来实现,这也是运营创新非常重要的课题之一。

二、创新的过程

（一）激发创新意识

创新意识是指人们根据社会和个体生活发展的需要,善于独立思考、敢于标新立异,提出新观点、新方法,解决新问题和创造新事物的意识。它对一个人创新能力的形成具有十分重要的作用。创新意识是人产生的一种主动发现、积极探索解决问题的意识思维,是人们进行创造活动的出发点和内在动力,是创造性思维和创造力的前提,也是形成创新能力的基础。

创新是一个长久的过程,最难的就是创新活动前创新意识的产生。也许有时候一个一闪而过的念头、一件微不足道的小事就会触发我们的思考,但这个触发的过程并不长久,这就要求我们更

> 创造性首先强调的是人格,而不是成就,自我实现的创造性强调的是性格上的品质,如大胆、勇敢、自由、自主性、明晰、整合、自我认可和一切能够造成这种普遍化的东西,或者说强调的是创造性的态度、创造性的人。
>
> ——马斯洛

进一步地运用创新意识去挖掘这个念头、这件小事。就像很多人都可能被树上的果子砸中过,看到过东西从高处落下,但不是所有被砸过的人都能因此受到启发而发现万有引力。人的一生中会经历许许多多的事,有时其实你已经接近创新的边缘了,却没有把握住创新的机会。作为大学生,或许我们不能做出十分惊人的壮举,但是,我们一定要激发自己的创新意识,学会思考、怀疑与探索,然后再结合自身的知识来加以实践。

📖 **拓展阅读**

运输汽油的冰管

美国的一支南极探险队经过千辛万苦来到南极时,遇到了这样一个难题:当他们把运输汽油需要使用的铁管一根根连接起来时,才发现连接的管道与基地还有一大段距离。于是队员们四处寻找有没有备用的管道,否则无法输送汽油。正当大家一筹莫展的时候,队长帕瑞格突然灵机一动:南极到处都是冰,为什么我们不把冰做成冰管道来运输呢?

南极气温极低,在室外倒一点水马上就能结成冰。但是问题的关键是如何将冰变成冰管道,又不会使其破裂。帕瑞格想到,出发时带了不少医疗绷带,可以将绷带缠在铁管上,用水淋湿,待水微微结冰时,把绷带"冰管"轻轻地从铁管上抽出来,然后再浇些水,这样一根绷带加冰做的管道就出现了。

根据帕瑞格的思路,队员们如法炮制,迅速地做出了一根根冰管,然后把这些冰管连接起来,成功地解决了汽油运输的问题。

(二)训练创新思维

21世纪是一个高速发展的时代,社会每天都在不断进步。如果一味追随别人的脚步,只能落后于人。我们需要培养良好的创新思维,以推动社会发展。

创新思维是指对事物间的联系进行前所未有的思考,从而创造出新事物的思维方法。一切需要创新的活动都离不开思考,离不开创新思维,可以说,创新思维是一切创新活动的开始。只要学会运用创新思维,就可以具有创造力,具备成为一名成功企业家的潜质。

(三)提升创新能力

我们是否拥有突破旧认知、旧事物,勇于探索和创造有价值的新事物的能力,已经成为能否成功创业的关键。这种能力就是我们所说的创新能力。创新能力是一个发现问题、分析问题、发现矛盾、提出假设、论证假设、解决问题,以及在解决问题过程中进一步发现新问题从而不断推动事物发展变化的过程。

当今时代创新能力的要求越来越高,因此,只有不断培养和提升自己的创新能力,才能在迎接挑战的过程中把握机遇,实现自己的人生价值。

1. 提高发现问题的能力

生活从来不缺少问题,而是缺少发现问题的眼睛。创新能力的提升离不开观察力的培养,只有在日常生活中做到多听、多看、多问,才能发现问题并找到解决问题的方法。

2. 提高信息处理的能力

当今社会是一个信息化的社会,更快捷地获取最新、最有效的信息是我们在当前的市场环境中取胜的前提。然而,由于当今信息爆炸的特性,学会从众多信息中筛选出专业、有效的信息对创业者来说是相当重要的。

3. 提高学习能力

知识和经验是我们进行一切创新活动的基础。要想在瞬息万变的市场中取得成功就必须不断学习,并将学习到的知识和经验转化为我们创业所需要的能力。

4. 提高创意构思能力

创意的火花往往转瞬即逝,要抓住创意,就要时刻做好创意产生的准备。当创意来临的时候,要分析这个想法是否符合要求,是否具有可执行性。

5. 提高解决问题的能力

发现问题后,要对问题的现状以及解决方法进行全面分析和评估,在现有的状态下确定解决问题的最佳方案,并判断和论证该方案的合理性。

1.3 约瑟夫·熊彼特的创新论

热身活动

不同视角看世界

【活动目标】 激发创新意识,围绕既定主题进行不同视角的锻炼

【建议时间】 30 分钟

【材料准备】 相机(手机)

【活动步骤】

1. 在校园生活中选取一个场景,从不同角度(不同时间、不同地点、不同组合)进行拍摄,至少拍摄 10 张照片。

2. 学生将拍摄的不同视角的照片讲述成一个完整的故事。

3. 学生展示作品,老师点评。

一、创新理论概述

人们对创新概念的理解最早主要是从技术与经济相结合的角度,探讨技术创新在经济发展过程中的作用,主要代表人物是现代创新理论的提出者约瑟夫·熊彼特。独具特色的创新理论奠定了熊彼特在经济思想发展史研究领域的独特地位,这也成为他研究经济思想发展史的主要成就。

熊彼特认为,所谓创新就是要"建立一种新的生产函数",即"生产要素的重新组合",就是要把一种从来没有的关于生产要素和生产条件的"新组合"引入生产体系,以实现对生产要素或生产条件的"新组合";作为资本主义"灵魂"的"企业家"的职能就是实现"创新",引进"新组合";所谓"经济发展"就是指整个资本主义社会不断地实现这种"新组合",或者说资本主义的经济发展就是这种不断创新的结果;而这种"新组合"的目的是获得潜在的利润,即最大限度地获取超额利润。周期性的经济波动正是源于创新过程的非连续性和非均衡性,不同的创新对经济发展产生不同的影响,由此形成时间各异的经济周期;资本主义只是经济变动的一种形式或方法,它不可能是静止的,也不可能永远存在下去。当经济进步使得创新活动本身降为"例行事物"时,企业家将随着创新职能减弱、投资机会减少而消亡,资本主义不能再存在下去,社会将自动地、和平地进入社会主义。当然,他所理解的社会主义与马克思、恩格斯所理解的社会主义具有本质的区别。因此,他提出,"创新"是资本主义经济增长和发展的动力,没有"创新"就没有资本主义的发展。

熊彼特以"创新理论"解释资本主义的本质特征,解释资本主义发生、发展和趋于灭亡的结局,从而闻名于资产阶级经济学界,影响颇大。他在《经济发展理论》一书中提出"创新理论"以后,又相继在《经济周期》和《资本主义、社会主义和民主主义》两书中加以运用和发挥,形成了以"创新理论"为基础的独特的理论体系。"创新理论"的最大特色,就是强调生产技术的革新和生产方法的变革在资本主义经济发展过程中的至高无上的作用。但在分析中,他抽掉了资本主义的生产关系,掩盖了资本家对工人的剥削实质。

根据创新浪潮的起伏,熊彼特把资本主义经济的发展分为三个长波:①1787—1842年是产业革命发生和发展时期;②1842—1897年为蒸汽和钢铁时代;③1898年以后为电气、化学和汽车工业时代。第二次世界大战后,许多著名的经济学家也研究和发展了创新理论,20世纪70年代以来,门施、弗里曼、克拉克等用现代统计方法验证熊彼特的观点,并进一步发展创新理论,被称为"新熊彼特主义"和"泛熊彼特主义"。进入21世纪,信息技术推动下知识社会的形成及其对创新的影响进一步被认识,科学界进一步反思对技术创新的认识,创新被认为是各创新主体、创新要素交互复杂作用下的一种复杂涌现现象,是创新生态下技术进步与应用创新的创新双螺旋结构共同演进的产物,关注价值实现、关注用户参与的以人为本的创新2.0模式也成为新世纪对创新重新认识的探索和实践。

二、创新的五种情况

熊彼特进一步明确指出了"创新"的五种情况。

① 采用一种新的产品——也就是消费者还不熟悉的产品——或一种产品的一种新的特性。

② 采用一种新的生产方法,也就是在有关的制造部门中尚未通过经验检定的方法,这种新的方法绝不需要建立在科学上新的发现的基础之上,并且,也可以存在于商业上处理一种产品的新的方式之中。

③ 开辟一个新的市场,也就是有关国家的某一制造部门以前不曾进入的市场,不管

这个市场以前是否存在。

④ 掠取或控制原材料或半制成品的一种新的供应来源,也不问这种来源是已经存在的,还是第一次创造出来的。

⑤ 实现任何一种工业的新的组织,比如造成一种垄断地位(如"托拉斯化"),或打破一种垄断地位。

后来人们将他这一段话归纳为五个创新,依次对应产品创新、技术创新、市场创新、资源配置创新、组织创新,而这里的"组织创新"也可以看作部分的制度创新,当然仅仅是初期的狭义的制度创新。

📖 **拓展阅读**

蔚来汽车智能化的突破

蔚来汽车,由李斌领军的智能电动汽车品牌,是当今汽车领域创新的杰出代表。蔚来不仅颠覆了人们对电动汽车的传统认知,还推动了整个行业向智能化和绿色能源的转型。

蔚来汽车的创新体现在其领先的智能电动汽车技术。与传统燃油车相比,蔚来汽车拥有更高的能源利用率、更低的污染排放以及更前沿的智能驾驶辅助系统。蔚来汽车的电池技术尤为出色,其高容量和长寿命特性使得车辆续航能力显著优于竞品,有效缓解了电动汽车的续航焦虑问题。

除了技术革新,蔚来汽车还创新性地采用了全新的销售与服务体系。蔚来摒弃了传统的汽车经销商模式,采取直营策略,使消费者能够直接从公司购买车辆,享受统一透明的价格和卓越的服务体验。此外,蔚来通过线上预订和便捷的交付流程,大幅提升了购车的便捷性。

蔚来汽车在自动驾驶技术方面的创新同样引人注目。其 NIO Pilot 系统借助先进的传感器和智能算法,实现了高度自动化的驾驶功能。这不仅提升了驾驶安全,还为未来的智能交通体系奠定了基础。

蔚来汽车的创新不仅局限于技术和销售模式,更体现在其对可持续发展的坚定承诺。蔚来积极推广太阳能和储能解决方案,通过智能能源产品(如太阳能屋顶和 Powerwall),助力用户实现家庭能源的自给自足。这不仅有效减少了碳排放,还促进了可再生能源的广泛应用。

蔚来汽车的创新案例生动展示了技术革新、商业模式创新与可持续发展理念相融合的巨大潜力。蔚来汽车的成功不仅重塑了电动汽车市场,更为整个汽车行业树立了新的发展标杆。

三、创新理论对我国经济发展的启示

(一)珍惜企业家精神,造就企业家队伍

在熊彼特看来,创新活动之所以发生,是因为企业家的创新精神。企业家与只想赚

钱的普通商人和投机者不同,个人致富充其量只是他的部分动机,而最突出的动机是"个人实现",即"企业家精神"。熊彼特认为这种"企业家精神"包括:①建立私人王国;②对胜利的热情;③创造的喜悦;④坚强的意志。这种精神是成就优秀企业家的动力源泉,也是实现经济发展中创造性突破的智力基础。企业家已经成为市场经济中最稀缺的资源,是社会的宝贵财富,它的多少是衡量一个国家、一个地区经济发展程度的重要指标。因此,许多发达国家和跨国公司都不惜代价网罗创新型人才,而我国尚处于社会主义的初级阶段,选拔人才的机制还不尽公正合理,"论资排辈""年龄一刀切""恨能""恨富"的现象还普遍存在,对人才的制度化激励还相当缺乏,鼓励冒险、容忍失败的社会氛围还十分稀薄,所有这些都严重地阻碍着我国企业家的孕育、培养和造就。因此,我国今后应对这些问题从根本上加以解决,努力造就一支优秀的企业家队伍,在多变的市场竞争中培养出独特的创新精神,培育出更多实力雄厚、发展前景好的企业。

> 要敢于做先锋,而不做过客、当看客,让创新成为青春远航的动力,让创业成为青春搏击的能量,让青春年华在为国家、为人民的奉献中焕发出绚丽光彩。
> ——2016年4月26日,习近平在知识分子、劳动模范、青年代表座谈会上的讲话

(二)有秩序地进行经济结构调整

根据熊彼特的创新理论,改变社会面貌的经济创新是长期的、痛苦的"创造性破坏过程",它将摧毁旧的产业,让新的产业有崛起的空间。然而,面对这个"创造性破坏过程",熊彼特特别指出:"试图无限期地维持过时的行业当然没有必要,但试图设法避免它们一下子崩溃却是必要的,也有必要努力把一场混乱——可能变为加重萧条后果的中心——变成有秩序的撤退。"这是一个很重要的观点。近年来,在我国存在一种自由追捧"新经济"的现象,有些人认为我国的传统产业已经毫无希望,应该把资源集中于"新经济",集中于信息产业,跳过漫长的工业化阶段,这是一种片面的认识。诚然,在发达国家高科技创新浪潮的推动下,全球正在展开一轮长期的,由机器经济转变为信息经济、工业经济转变为服务经济的产业变革。但是,我们应该清醒地认识到,即使在发达国家,仍有一批传统产业在蓬勃发展,并与新兴产业相互渗透、相得益彰。从大趋势看,"新经济"只有与"旧经济"融合才有坚实的基础和广阔的前景。在传统经济结构的困境中寻求突破,确实需要进行结构调整,但同时应该做到"有秩序地撤退",注意利用信息技术改造和提升国民经济不可或缺的那些传统产业的结构和素质,而不能顾此失彼,简单地抛弃传统产业。如果进退失据,只是一窝蜂地关停,使所有传统产业一下子崩溃,那么,滚滚的下岗失业洪流,源源不断的低收入人群的涌现,供求总量、供求结构的严重失衡,必将迫使背离"创造性破坏"的初衷,变成只有破坏而没有创造,经济创新将被经济崩溃所代替。

(三)通过一系列的科技政策,建立完整的创新生态体系

技术创新活动是一根完整的链条,这一"创新链"具体包括:孵化器、公共研发平台、风

险投资、围绕创新形成的产业链、产权交易、市场中介、法律服务、物流平台等。完整的创新生态应该包括科技创新政策、创新链、创新人才、创新文化。根据国家创新体系理论中新熊彼特主义者——弗里曼提出的"政府的科学技术政策对技术创新起重要作用",为此政府的主要职责应该是通过科技创新政策来构建一个完整的创新生态,通过这个完整的创新生态,最大限度地集聚国内外优质研发资源,形成持续创新的能力和成果。针对当前我国创新动力、创新风险、创新能力、创新融资不足的问题,政府在政策架构上需要做的有:完善促进自主创新的财政、税收、科技开发及政府采购政策;完善风险分担机制,大力发展风险投资事业,加大对自主知识产权的保护与激励;健全创新合作机制,鼓励中小企业与大企业进行技术战略联盟,实施有效的产学研合作,推进开放创新;重构为创新服务的金融体制,发展各类技术产权交易,构建支持自主创新的多层次资本市场。

1.4　国家发展需要创新

热身活动

传球夺秒

1. 将全班分成若干小组,每组8人,推荐一名组长,每个小组向主持人领取彩色小球一只。

2. 主持人宣布游戏规则:每个组员都要接(触)球,但前后接(触)球人不可以是相邻者,以每个成员均接(触)过球时间最短的组为胜。

3. 计时员用秒表为各个组计时,完成一轮计时后,请各小组做演示。

一、创新创造了历史

人类社会的所有领域都存在着创新的可能,也都需要创新。创新创造了历史。以交通工具的变迁为例,远在五千多年前的黄帝时期,就有了指南车。当时黄帝凭借指南车在大雾弥漫的战场上指示方向,战胜了蚩尤。三国时期马钧所造的指南车,除用齿轮传动外,还有自动离合装置。

随着人类创新思维水平的提高,1810年,英国人斯蒂芬森开始制造蒸汽机车。1817年,斯蒂芬森决定在他主持修建的从利物浦到曼彻斯特的铁路线上完全用蒸汽机车承担运输任务。但是,保守的铁路拥有者却对蒸汽机车的能力表示怀疑。他们提出,在铁路边上固定牵引机,用拖缆来牵引火车。斯蒂芬森为了让人们充分相信火车的性能,制造出了性能良好的"火箭号"机车。这种机车的卓越表现终于让怀疑者改变了态度,利物浦—曼彻斯特铁路因此成为世界上第一条完全靠蒸汽机运输的铁路线。

1903年,人类历史上第一架飞机"飞行者一号"由莱特兄弟起飞。一开始,虽然飞得很不平稳,甚至有点跌跌撞撞,但是"飞人号"仍然在空中飞行了36米,12秒后才落在沙滩上。莱特兄弟对飞行工具的执着创新为人类带来了飞机这一重大成就,他们对飞机的研究过程也成为我们研究创新的经典案例。

1922年,德国工程师赫尔曼·肯佩尔提出了电磁悬浮原理,继而申请了专利。20世纪70年代以后,随着工业化国家经济实力不断增强,为提高交通运输能力以适应其经济发展和民生的需要,德国、日本、美国等国家相继开展了磁悬浮运输系统的研发。磁悬浮列车是一种现代高科技轨道交通工具,它通过电磁力实现列车与轨道之间无接触的悬浮和导向,再利用直线电机产生的电磁力牵引列车运行。

1959年,日本开建世界上第一条真正意义上的高速铁路——东海道新干线。经过5年建设,于1964年正式通车。东海道新干线从日本东京起始,途经名古屋、京都等地终至(新)大阪,全长515.4公里,运营速度高达210公里/小时,它的建成通车标志着世界高速铁路新纪元的到来。随后,法国、意大利、德国纷纷修建高速铁路。

通过交通工具的演变,我们可以发现,生机勃勃的发展和进步总是伴随着创新而存在。美国《创新爆炸》一书认为,"当今世界,一切经济价值、经济增长和经济战略实力均源于创新"。哪个民族和国家善于创新,哪个民族和国家就会发展、会强大;反之,如果因循守旧,拒绝接受新事物,社会和民众就会自满、僵化,创新能力就会衰退,国家和民族就会走向落后。

> 创新是民族进步的灵魂,是一个国家兴旺发达的不竭源泉,也是中华民族最深沉的民族禀赋,正所谓"苟日新,日日新,又日新"。生活从不眷顾因循守旧、满足现状者,从不等待不思进取、坐享其成者,而是将更多机遇留给善于和勇于创新的人们。青年是社会上最富活力、最具创造性的群体,理应走在创新创造前列。
>
> ——2013年5月4日,习近平在同各界优秀青年代表座谈时的讲话

二、创新改变着未来

科学技术的发展让未来社会出现诸多可能。以人工智能为例,人工智能是对人的意识、思维的信息过程的模拟。人工智能不是人的智能,但能像人那样思考,也可能超过人的智能。现在,人类通过机械化、自动化,以及传统互联网提升生产率的可能空间已经相对狭小,人工智能的应用刚好成为提升人类生产率的新动力。与之前技术革命主要提高体力劳动生产率不同,人工智能主要是推动脑力和智力劳动效率的增长。

面对人工智能这一极具市场竞争力的领域,各大强国和跨国公司都不会放慢研究的脚步。苹果公司的语音助理Siri、亚马逊的语音助理Alexa、谷歌的图像识别、百度的语音识别等,是电子信息产业借助人工智能形成的新业务,但人工智能的应用绝不局限于电子信息领域。例如,在农业生产领域,日本的瓜农借助谷歌人工智能技术完成对果实的自动分拣,而在过去这一工作需要花费大量时间和昂贵的劳动力。在金融服务领域,人工智能

帮助投资决策者开辟新的数据集,实现更快分析,从而降低金融业成本,提高回报。在医疗保健领域,德国默克制药公司利用深度学习将研究工作聚焦于那些最有可能与靶标绑定的分子,从而使新药研发成功率提高 15 个百分点。在零售领域,亚马逊等电商都在尝试使用"大数据+深度学习"的方式对用户实现更加精确的推送服务,同时实现更科学的定价和配送货。

三、国家发展需要创新

(一)中国制造 2025

2015 年 3 月 6 日,工业和信息化部部长苗圩接受记者采访时表示,2010 年,中国成为世界第一制造业大国,这也是在历史上我们时隔 150 年之后,又重新占据了制造业第一大国的位置。我们是制造业大国,但还不是制造业强国,还没有一大批具有国际竞争力的骨干企业,产业发展还有一批重大技术、装备亟待突破。另外,我们还应该有一些重要产品在国际市场上占有一席之地。这些方面表明,我们还需要从制造业大国向制造业强国去转化、去努力、去奋斗。中国制造 2025 实现从制造业大国向制造业强国的第一步。

中国制造 2025,是中国政府实施制造强国战略第一个十年的行动纲领。中国制造 2025 提出,坚持"创新驱动、质量为先、绿色发展、结构优化、人才为本"的基本方针,坚持"市场主导、政府引导、立足当前、着眼长远、整体推进、重点突破、自主发展、开放合作"的基本原则,通过"三步走"实现制造强国的战略目标:第一步,到 2025 年迈入制造强国行列;第二步,到 2035 年中国制造业整体达到世界制造强国阵营中等水平;第三步,到新中国成立 100 年时,综合实力进入世界制造强国前列。

> 我们要善于通过历史看现实、透过现象看本质,把握好全局和局部、当前和长远、宏观和微观、主要矛盾和次要矛盾、特殊和一般的关系,不断提高战略思维、历史思维、辩证思维、系统思维、创新思维、法治思维、底线思维能力,为前瞻性思考、全局性谋划、整体性推进党和国家各项事业提供科学思想方法。
>
> ——2022 年 10 月 16 日,习近平总书记在党的二十大报告中强调

(二)互联网+

2015 年 3 月 5 日上午,在十二届全国人大三次会议上,李克强总理在政府工作报告中首次提出"互联网+"行动计划。李克强在政府工作报告中提出:制定"互联网+"行动计划,推动移动互联网、云计算、大数据、物联网等与现代制造业结合,促进电子商务、工业互联网和互联网金融健康发展,引导互联网企业拓展国际市场。

"互联网+"代表一种新的经济形态,即充分发挥互联网在生产要素配置中的优化和集成作用,将互联网的创新成果深度融合于经济社会各领域之中,提升实体经济的创新力和生产力,形成更广泛的以互联网为基础设施和实现工具的经济发展新形态。

"互联网＋"可以应用于社会生产、生活的诸多领域。以教育领域为例,在传统教育模式中,教育要求老师和学生面对面,至少要有教室。而在"互联网＋"教育时代,一张网、一个移动终端,几百万学生,学校任你挑、老师由你选。老师在互联网上教,学生在互联网上学,信息在互联网上流动,知识在互联网上成型,线下的活动成为线上活动的补充与拓展。

实操训练1

生活中的创新

1. 我们经常会遭遇下雨天、杯子打翻、游泳池中使用手机等情况,如果让你设计一款不怕水的手机,你会怎么做?

2. 吃火锅的时候,油渍容易溅到衣服上。针对这个现象,你有什么好的办法?

3. 洗手的时候,仅有5％的水用于溶解污渍,95％的水浪费了。如果既想清洁干净手,又不浪费水,你会如何设计?

实操训练2

情景模拟:沙漠求生记

情景:在炎热的八月,你乘坐的小型飞机在撒哈拉沙漠失事,机身严重撞毁,将会着火焚烧。飞机燃烧前,你们只有15分钟时间从飞机中领取物品。飞机的位置不能确定,只知道最近的城镇是附近70公里的煤矿小城。沙漠日间温度是40℃,夜间温度骤降至5℃。

假设:飞机上生还人数与你的小组人数相同。你们装束轻便,只穿着短袖T恤、牛仔裤、运动裤和运动鞋,每人都有一条手帕。全组人都希望一起共同进退。机上所有物品性能良好。

问题:在飞机失事中,你们只能从15项物品中挑选5项。在考虑沙漠的情况后,按物品的重要性,你们会怎样选择呢? 请解释原因。

物品清单:

1. 一支闪光信号灯(内置 4 个电池)

2. 一把军刀

3. 一张该沙漠区的飞行地图

4. 七件大号塑料雨衣

5. 一个指南针

6. 一个小型量器箱(内有温度计、气压计、雨量计等)

7. 一把 45 口径手枪(已有子弹)

8. 三个降落伞(有红白相间图案)

9. 一瓶维生素(100 粒装)

10. 十加仑饮用水

11. 化妆镜

12. 七副太阳镜

13. 两加仑伏特加酒

14. 七件厚衣服

15. 一本《沙漠动物》百科全书

实操训练 3

趣味游戏:举同学

游戏方法:挑选一名体格健壮的同学,请他坐在讲台上的一张座椅上,另外挑选 4 名正常体形的同学,请他们上台。要求这 4 名同学合力将坐在椅子上的健壮同学举起来,并保持 3 分钟,但是,每人只能动用自己的一到两根手指。

复习思考题

一、名词解释

1. 变革创新

2. 创新思维

3. 创新要素

4. 创新创业教育内容体系

二、单选题

1. 创新应具备哪种要素   （   ）

   A. 用户潜在需求的渴望性

   B. 创意技术实现的可行性

   C. 商业价值的可延续性

    D. 以上都是

2. 创新的原则是 （　　）

    A. 由浅入深

    B. 跨界组合

    C. 坚持不懈

    D. 以上都是

3. 微商是基于移动互联网的空间，借助于社交软件，以人为中心，以社交为纽带的新商业。微商属于 （　　）

    A. 变革创新

    B. 市场创新

    C. 产品创新

    D. 运营创新

4. 通过数字化技术实现流程规范化属于 （　　）

    A. 变革创新

    B. 市场创新

    C. 产品创新

    D. 运营创新

5. 任何成功的创业活动都必然会在一定程度上实现对人们物质和精神生活的丰富，进而对社会和经济发展有所贡献。这是创业的（　　）属性。

    A. 机会导向

    B. 价值创造

    C. 创新依赖

    D. 顾客导向

6. 创业者先从识别顾客入手，根据顾客的需求提供产品和服务。这是创业的（　　）属性。

    A. 机会导向

    B. 价值创造

    C. 创新依赖

    D. 顾客导向

7. 按照对个人和市场的影响程度，可将创业企业划分为 （　　）

    A. 复制型

    B. 模仿型

    C. 颠覆型

    D. 以上都是

8. 根据创新内容的不同，可将创业企业划分为 （　　）

    A. 产品创新式创业

B. 营销创新式创业

C. 流程创新式创业

D. 以上都是

9. 创新与创业的关系可归纳为 （ ）

A. 创新是创业的本质与源泉

B. 创新的价值在于创业

C. 创业推动并深化创新

D. 以上都是

10. 通过创业计划书的撰写、模拟实践活动开展等,鼓励学生体验创业准备的各个环节,
属于创新创业教育的( )方面的内容。

A. 意识培养

B. 能力提升

C. 环境认知

D. 实践模拟

三、判断题

1. 创业活动具有显著的机会导向。 （ ）

2. 创业是创新的本质与源泉。 （ ）

3. 创新创业教育内容体系包括意识培养、能力提升、环境认知和实践模拟。 （ ）

4. 中国"互联网＋"大学生创新创业大赛是中国创新创业类竞赛第一赛。 （ ）

5. 创新创业教育是以培养具有创业基本素质和开创型个性的人才为目标,针对打算创
业、已经创业和成功创业的创业群体,分阶段、分层次地进行创新思维培养和创业能
力锻炼的教育。 （ ）

6. 创业是创新的基础,而创新推动着创业。 （ ）

7. 创新的价值在于创业。 （ ）

8. 创新和创业是创意的初心,创意是创新、创业的源泉;创业是创新的载体和表现形式,
创意和创新实力是高层次创业的根本支撑。 （ ）

9. 创新的类型包括变革创新、市场创新、产品创新和运营创新。 （ ）

10. 跨界组合原则可以确保创新的方向不至于偏离正确轨道。 （ ）

模块二 创新意识与精神

借款还是存款

有一位衣着考究、很有气派的老人走入一家银行,他来到贷款部门坐下来,向工作人员表示想借1美元。

"只要借1美元吗?"银行人员担心自己弄错了,又问了一遍。

"是的,1美元。"老人重复道。

"好的,只要您有抵押,就可以借给您。"

老人随即拿出一些股票、债券放在银行工作人员的面前。"这些是我的抵押物,总共价值50万美元,可以吗?"

"可以的,不过,您真的只想借1美元吗?"

"是的,我只要借1美元。"

"好的,只要您定时支付利息,我们就可以给您办借款手续。"

银行的经理知道后,忍不住向老人打听原因。这个老人回答道:"我其实是想几乎不花钱在你们银行寄存这些东西,而不是想借钱。"

按照常规,我们会面临两难选择:既希望寄存,又希望省钱,结果往往难以兼顾。而这位老人却脱离常规,改变了考虑的方向,用看似很简单的方法达到了目的。在当今世界竞争愈演愈烈的背景下,想要立于不败之地,除了勤奋之外,还要想人所未想,要与众不同。如果墨守成规,则最终会落伍。

小组活动

你认为创新包括什么要素?哪种更重要?

2.1　激发创新意识

热身活动

有 10 只玻璃杯排成一行,左边 5 只内装有汽水,右边 5 只是空杯。

现规定只能动 2 只杯子,使这排杯子变成实杯与空杯交替排列,如何移动这 2 只杯子?

一、创新意识的基本概念

（一）创新意识概述

1. 意识活动

心理学界对意识的理解分广义和狭义两种。广义的意识是指大脑对客观世界的反映,而狭义的意识则是指人们对外界和自身的觉察与关注程度。

（1）广义的意识

广义的意识概念表现为知、情、意三者的统一。

知:指人类对世界的知识性与理性的追求,它与认识的内涵是统一的。

情:情感,是指人类对客观事物的感受和评价。

意:意志,是指人类追求某种目的和理想时表现出来的自我克制、毅力、信心和顽强不屈等精神状态。

（2）狭义的意识

狭义的意识一般是指广义的意识概念中知、情、意相统一中的意志部分。但由于意志本身实际上只是意识能动性的一种体现,它只是包含于意识之中,所以心理过程的知、情、意三分法中的意实质应该是指意识。现代心理学中对意识的论述则主要是指狭义的意识概念。

2. 创新意识的内涵

创新意识是指人们根据社会和个体生活发展的需要,引起创造前所未有的事物或观念的动机,并在创造活动中表现出的意向、愿望和设想。它是人类意识活动中的一种积极的、富有成果性的表现形式,是人们进行创造活动的出发点和内在动力,是创造性思维和创造力的前提。

创新意识包括创造动机、创造兴趣、创造情感和创造意志。

（1）创造动机

创造动机是创造活动的动力因素,它能推动和激励人们发动和维持创造性活动。

（2）创造兴趣

创造兴趣是促使人们积极探求新奇事物的一种心理倾向,能促进创造活动的成功。

（3）创造情感

创造情感是引起、推进乃至完成创造的心理因素，只有具有正确的创造情感才能使创造成功。

（4）创造意志

创造意志是在创造中克服困难、冲破阻碍的心理因素，具有目的性、顽强性和自制性。

创新意识与创造性思维不同，创新意识是引起创造性思维的前提和条件，创造性思维是创新意识的必然结果，两者之间具有密不可分的联系。创新意识是创新性人才所必须具备的。

美国创造学家罗伯特·弗兰兹在其著作《创意无限》中写道：爱是创造的真谛，是拥有无限能力的关键所在。从古到今，世界上任何一个伟大新事物的出现，都是从一个愿望开始的。任何一个人的进步，都是从一个愿望开始的。任何一个新发明、新产品、新技术的出现都是从一个愿望开始的。可以说，没有愿望，就没有创造力。这里所说的愿望到底是什么？它就是发自内心的，最深沉、最真挚的愿望，它深入内心，铭刻在潜意识中，它是高于现实的愿望。当你产生了这样的愿望，心中就会出现创造性的冲动，它是创造新张力的来源。一旦这种愿望、梦想得以实现，就完成了一次创新。

📖 拓展阅读

邓稼先：隐姓埋名的创新巨擘

邓稼先，中国核武器研制工作的开拓者和奠基者，他的名字与中国的"两弹一星"事业紧密相连。他的一生，是创新与奉献的写照，是科学精神与爱国情怀的完美结合。

1958年，当国家决定研制原子弹时，邓稼先义无反顾地接受了这一任务，从此隐姓埋名，开始了长达28年的秘密研究。他深知，这是一项从零开始的工作，没有资料、缺乏试验条件，但他和同事们凭借着坚定的信念和不懈的努力，一步步向神秘的原子王国进军。

在研制原子弹的过程中，邓稼先展现出了卓越的创新精神。他选择了中子物理、流体力学和高温高压下的物质性质作为主攻方向，这些领域在当时都是世界科技的前沿。他和团队采用最原始的计算方法，借助算盘、计算尺等简单工具，从零开始进行科学研究。正是这种不畏艰难、勇于创新的精神，使他们在短时间内取得了重大突破。

1964年10月16日，中国第一颗原子弹成功爆炸，这是邓稼先和他的团队多年努力的成果。这一成就不仅提升了中国的国际地位，更为国家的安全和发展提供了有力保障。随后，邓稼先又投入氢弹的研制工作中，仅用了2年零8个月的时间，就成功爆炸了中国第一颗氢弹，再次展现了中国的科技实力。

邓稼先的创新精神不仅体现在科学研究上，更体现在他对中国核武器事业的战略规划上。他具有前瞻性的视野和卓越的洞察力，能够准确把握科技发展的方向，制定出符合国情和时代需求的科技发展战略。他参加制定了两弹研制路线，编制了中国核武器事业发展的规划,为中国核武器事业的长期发展奠定了坚实基础。

即使在生命的最后时刻,邓稼先依然心系国家的核事业。他强忍病痛,与同事们反复商量,拟定了关于中国核武器发展的建议书,为中国核武器试验制订了十年目标计划,并在实现途径和具体措施上作了非常详细的安排。这份建议书的主旨是要争取时机加快发展,为中国核武器事业赢得了宝贵的十年时间。

邓稼先的一生都在为中国的核事业默默奉献,他的创新精神、爱国情怀和科学精神将永远激励着后人。他的故事告诉我们,只有依靠科技创新和科技自立自强,才能在国际竞争中立于不败之地。邓稼先的创新案例故事,不仅是中国科技史上的佳话,更是中华民族自强不息、勇攀科技高峰的生动写照。

(二)创新意识的基本特征

1. 新颖性

创新意识的产生或是为了满足新的社会需求,或是为了用新的方式更好地满足原来的社会需求。创新意识是求新意识。

2. 独立性

创新意识在某种程度上是对常规和传统的颠覆,因而人们的创新意识活动必须独立自主,依靠自己的思考和判断行事,任何公认的理论、权威或专家的观点可以作为参考,但不能代替自己的意识,否则会受到成规的束缚,失去自己的独立性。

📖 **拓展阅读**

别成为别人

"为了无可替代,你必须不同。"法国的怪才先锋设计师可可·香奈儿(Coco Chanel)说。从事业的最开始,香奈儿便无视传统。她不喜欢女人为了看起来时尚而被迫穿得不舒服。她不喜欢紧身胸衣,所以用更加随意、简约又舒适的款式来取代。她被时尚媒体疯狂抨击,却非常坚定地宣称:"奢华必须是舒适的,否则就不是奢华。"在20世纪二三十年代,她广泛推广时尚运动系列,香奈儿的小黑裙和经典款的套装——这些跨越时间的设计在今日依然流行。人们嘲笑她的穿着,但这成为她成功的秘密:看起来和其他人不一样。"最勇敢的行为是始终保持独立思考,并勇于表达。"她说。她第一次成功来自一个寒冷的冬日把旧球衣改成针织裙,很多人问她是从哪里买的,"我可以为你做一件,"她答道,"我的一切来自那件旧球衣,因为戴维尔实在太冷了。"她的作品闪耀着自我反抗的光芒,她要做她自己。

每个人都在寻找原点,其实,原点就在我们身上。创新意识就包括了做真实的自己,运用自己的所有成功和糟糕的经历,成为最好的自己,比成为一个他人的影子更重要。

——罗德·贾金斯:《学会创新》,肖璐然译,中国人民大学出版社,2017年版

3. 差异性

各人的创新意识和他们的社会地位、文化素养、兴趣爱好、情感志趣,以及他们身处的环境等方面都有一定的联系,这些因素对创新意识的产生起到重大影响作用。而这类因素也是因人而异,因此对于创新意识,既要考察社会背景,又要考察其文化素养和志趣动机。

4. 敏锐性

创新意识往往发端于一些不引人注目的细节之中,这些细节有时稍纵即逝,要想抓住这些细节,就必须具有敏锐的眼光,善于看到被大多数人忽视的东西。

5. 愉悦性

创新意识活动本身是一个快乐的过程。人们在经过艰苦的思考和探索后,终于有了新的发明或发现,这种喜悦是难以用语言表达的,它带来的快乐是深刻而持久的,使人有一种实现自我价值的感觉。许多科学家在从事科学研究工作时废寝忘食、浑然忘我,丝毫不感到辛苦,正是因为他们从中获得了巨大的快乐。

(三) 创新意识的作用

1. 创新意识是决定一个国家、民族创新能力最直接的精神力量

在今天,创新能力实际就是国家、民族发展能力的代名词,是一个国家、民族解决自身生存、发展问题能力大小的最客观和最重要的标志。

2. 创新意识促成社会多种因素的变化,推动社会的全面进步

创新意识源于社会生产方式,它的形成和发展必然进一步推动社会生产方式的进步,从而带动经济的飞速发展,促进上层建筑的进步。创新意识进一步推动人的思想解放,有利于人们形成开拓意识、领先意识等先进观念;创新意识会促进社会政治向更加民主、宽容的方向发展,这是创新发展需要的基本社会条件。这些条件反过来又促进创新意识的扩展,更有利于创新活动的进行。

3. 创新意识能促成人才素质结构的变化,提升人的本质力量

创新实质上确定了一种新的人才标准,它代表着人才素质变化的性质和方向,它输出一种重要的信息:社会需要充满生机和活力的人、有开拓精神的人、有新思想道德素质和现代科学文化素质的人。它客观上引导人们朝这个目标提高自己的素质,使人的本质力量在更高的层次上得以确证。它激发人的主体性、能动性、创造性,从而使人自身的内涵获得极大丰富和扩展。

可以说,创新意识是人类特有的最宝贵的精神财富。人类社会的历史实际上就是一部不断创新的历史,从古代的渔牧时代到今天的信息时代,人类在创新意识的支配下开展创新思维和创造活动,改变客观世界与主观世界,获得了物质文明和精神文明的成果。创新意识总是代表着一定社会主体奋斗的目标和价值指向,成为唤醒、激励和发挥人所蕴含的潜在能量的重要精神力量。

青年是国家和民族的希望,创新是社会进步的灵魂,创业是推动经济社会发展、改善民生的重要途径。青年学生富有想象力和创造力,是创新创业的有生力量。

——2013年11月8日,习近平致2013年全球创业周中国站活动组委会的贺信

(四)激发创新意识的过程

创新意识不是天生就有的,而是人们在成长过程中发展起来的,是可以后天培养的。如果一个人因为对某项创新工作或者项目产生了好奇心,正好其他因素也都适合,他能对这项创新工作产生浓厚的兴趣,并不断自觉地去尝试寻找解决方法,不断努力提升自己的创新意识。

1. 确定目标

目标决定坐标,一个人没有明确的目标,就像船没有罗盘一样,在茫茫大海中行驶却没有航线,只能随波逐流。一旦一个人明确了目标,下定了决心,有种对成功的渴望,就会产生强烈的使命感和激情。所以,只有目标明确才能在最短的时间实现最好的结果。"欲得其上,必求上上。"只有高标准定位才能自我加压,只有自我加压才能赶超进位,实现后来居上,一个人、一个地区、一个民族、一个国家无不是这样。我们每个人都应该确定高远的奋斗目标,这对我们未来的发展有着很大的决定作用。高目标能给人以大期望,使人产生心理动力,从而激发热情,产生积极行为。例如,精忠报国的岳飞,"为中华之崛起而读书"的周恩来总理,美国发明家、飞机制造者莱特兄弟等,都在青少年时期就立下了高远的目标,并且最终建立了丰功伟业。

哈佛大学有一个非常著名的关于目标对人生影响的跟踪调查。此项调查,美国耶鲁大学做过,卡耐基也做过,得出的结论惊人得相似。调查的对象是一群智力、学历、环境等条件都差不多的年轻人,调查结果发现:3%的人有十分清晰的长期目标,10%的人有比较清晰的短期目标,60%的人目标模糊,27%的人完全没有目标。25年的跟踪调查发现,那些3%有长期清晰目标的人,25年来几乎都不曾更改过自己的人生目标,始终朝着同一个方向不懈地努力。25年后,他们几乎都成了社会各界顶尖的成功人士,其中不乏行业领袖、社会精英,他们大都生活在社会的最上层。那些10%有比较清晰的短期目标的人,其共同特点是,一些短期目标不断地被达成,生活质量稳步上升。他们都成为各行各业不可或缺的专业人士,如医生、律师、工程师、高级主管等,大都生活在社会的中上层。那些60%目标模糊的人,大多能安稳地生活与工作,但都没有什么特别的成绩,他们大都生活在社会的中下层。剩下的27%完全没有目标的人,其特点是从来不曾为一个目标而努力奋斗过。他们的生活都过得很不如意,常常失业,靠社会救济,并且常常抱怨他人、抱怨社会,他们几乎都生活在社会的最底层。

2. 保持好奇心

中国古语说:"学贵有疑,小疑则小进,大疑则大进。"好奇心可以使人们孜孜不倦地对

特定的事物进行长时间和深入地观察,使认识不断深化,直到把握事物的本质。而任何创新都离不开好奇心,好奇心激发人类去发现、发明、创造,纵观世界上杰出的成功者,他们起初都是一个个充满好奇的人,因而后来都走上了成功的科学之路。只有拥有了好奇心才会激发个体的求知欲,才能察觉日常生活中的新问题。这就要求我们在学习过程中,对某个问题,甚至对前辈已经做出的权威性理论,能够感到有值得怀疑的地方,需要我们动脑筋、下功夫深钻细研,只有这样才可能有所成就。

心理学家研究认为,好奇心是当我们想要知道某种未知事物时表现出来的一种认知上的复杂情感,它可以理解为一种内在动机,这种内在动机是主动学习和自发探索的关键。好奇心会促使我们根据反馈不断调整自己的认知,以及通过主动学习和探索来增加新

> 若无某种大胆放肆的猜想,一般是不可能有知识的进展的。
>
> ——爱因斯坦

的知识。学者们大胆猜测,满足好奇心与积极情绪相连,这种猜想被证明是正确的。通过不同的实验研究,心理学家们已经确认了好奇心与大脑中负责奖赏和快乐的多巴胺系统之间的联系。所以,拥有强烈的好奇心,不断创新,可以让我们更加快乐和满足,而这种快乐和满足又会促使我们继续学习、继续创新,形成一个正向循环,这个循环过程会从与学习者的当前知识水平相匹配的探索开始,然后逐渐向更复杂的认知进行挑战。

3. 勇于实践

实践是检验真理的唯一标准,是发现真理的源泉,是引发创新意识的必经途径。创新过程中有了想法和思路就要去实践,不然只能是纸上谈兵、空中楼阁,起不到实效。在创新实践中要发扬吃苦耐劳的精神,要经得起失败的打击,在挫折中不断地汲取经验,在崎岖的道路上奋进。

大学生在日常的学习和生活中,要积极参加实践锻炼,选择适合的科研项目、课题,积极参加创新竞赛类活动,给自己创造发现问题、解决问题的机会,积极参加学校组织的各项科技活动,不断探索、不断尝试,提升自己的信息加工能力、动手操作能力、技术应用能力、语言表达能力、沟通交流能力等创新技能,养成坚韧不拔、迎难而上的创新精神,从而不断提升自己的创新能力。激发创新意识的过程,如图2-1所示。

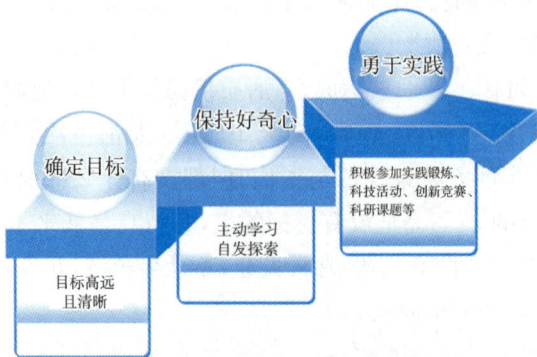

图2-1 激发创新意识的过程

二、创新意识的基本要素

创新是一个广泛的概念,它包括理论创新、制度创新、科技创新等多方面内容。增强创新意识是实现理论创新、制度创新和科技创新的重要条件。创新意识的构成,至少包含以下 6 个基本要素。

(一)批判意识

所谓批判意识,是指对历史和现实做甄别和审视,对人或事进行分析和剖析,以期发现问题和解决问题的心理活动。批判意识是创新意识的第一要素,创新首先意味着对旧观念、旧事物的扬弃,是要抛开旧的,创造新的。因此,创新意识究其本质来说,是批判的、革命的。它不迷信崇拜任何偶像、宗教,不唯上不唯书只唯实,善于汲取旧事物、旧观念中的合理因素,在继承的基础上创新,提出自己的新创意、新思想。

📖 **拓展阅读**

清洁工引发的创造灵感

多年前,有一家酒店的电梯不够用,打算增加一部。于是酒店请来了建筑师和工程师研究如何增设新的电梯。专家们一致认为,最好的办法是每层楼打个大洞,直接安装新电梯。

方案定下来之后,两位专家坐在酒店前厅商谈工程计划。他们的谈话被一位正在扫地的清洁工听到了。

清洁工对他们说:"每层楼都打个大洞,肯定会尘土飞扬,弄得乱七八糟的。"

工程师瞥了清洁工一眼说:"那是难免的。"

"我要是你们,"清洁工不经意地说,"我就会把电梯装在楼的外面。"

工程师和建筑师听了这话,相视片刻,不约而同地为清洁工的这一想法叫绝。于是,便有了近代建筑史上的伟大变革——把电梯装在楼外。

清洁工在不经意间说出的一句话,启迪了专家的思路。从某种意义上说,清洁工没有专家的专业知识,也没有他们的条条框框,可见,创新意识必然包含对传统的怀疑和批判。

——《光明日报》,2016 年 12 月 16 日 11 版

(二)好奇心

创新意识源于好奇心。好奇心是人们由于力争弥补已知领域与未知领域的差距而产生的一种心理,是对不了解的事物所产生的一种新奇感和兴奋感。好奇心是探索世界奥秘的动力,往往表现为对新奇事物的一种注意力,为弄清它的原因而提出为什么。好奇心是求知欲的具体表现,其强烈程度与求知欲的强烈程度成正比,好奇心越强,渴求获得知识的心情就越迫切,同时总是寻求答案。正是牛顿对苹果从树上掉到地上感到好奇,才激发他后来发现了万有引力定律。

好奇心在人们创新意识的形成中起着重要的推动作用。好奇心通过惊奇、疑问等心理活动,诱导人们有选择地主动频繁地接触产生新奇感的客观事物,进而激发人们企图寻求这一客观事物的内在联系。好奇心是驱动人类发现和发明的原始动力。好奇心强烈的人总想在原有基础上搞点创新发明,推陈出新的欲望也特别强烈,对创造性活动有极大的兴趣,大脑里经常有"能否换个角度看问题""有没有更简捷有效的方法和途径"等问题萦绕。无论是牛顿,还是霍金,都是怀着极大的好奇心,进入了他们的科学探索世界。

(三)观察意识

观察是人们认识客观事物或现象的基本手段,是人类智力结构的重要组成部分,是一切科学发现、技术发明和创新活动的前提。

观察是人们获得认识、发现问题、获取创新灵感最直观、最方便的一种手段。创新者都有共同的特质:重视观察,有观察的习惯和持续观察的能力。观察意识是创新意识的又一基本要素。

重视观察,首先要重视自己所研究领域内的观察,做哪方面的工作就关心哪方面的事情、观察哪方面的事。富兰克林对雷电的成因有极大的兴趣,并进行了大量的研究。他对尖端放电进行观察,对天上的雷电与地上因摩擦引起的电进行对比研究,引发了他研究

> 如果你要成功,你应该朝新的道路前进,不要跟随被踩烂了的成功之路。
> ——约翰·D.洛克菲勒

避雷针的想法并最终发明避雷针。发明了在第二次世界大战中挽救了无数人生命的药物——青霉素的弗莱明说:"青霉素是从一次偶然的观察中产生的,我唯一的功劳是我没有忽视观察,还有就是认真地研究了它。"

重视观察,处处都有创新之地。菜刀是人们做菜必需的工具,有的人善于观察,发现菜刀没有好的地方放,若能悬挂起来,既卫生又安全。于是想出在菜刀上钻小孔的简单方法。后来,有孔的菜刀获得专利,成为发明产品,更方便了人们使用。

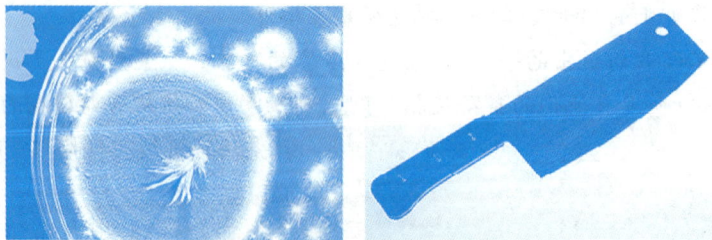

图 2-2 青霉素与菜刀

(四)联想意识

想象是指在原有的记忆形象的基础上创造出形象的一种心理活动。爱因斯坦说过:"想象力比知识更重要,因为知识是局限于我们已经知道和理解的,而想象力覆盖整个世界,包括那些将会知道和理解的。"所谓联想意识,是指因一事物而想起与之有关事物的思想活动。联想,是跨知识领域做出惊人联系的能力,将他人和自己的各种经验融会贯通,

让创意层出不穷。研究表明,产生联想意识至少需要具备以下两个条件。

1. 丰富的知识储备

具有丰富知识和经验的人比只有一种知识和经验的人,更容易产生新的联想和独到的见解。不断扩大知识领域,尽可能多地汲取不同领域的知识,自觉、及时地更新已有的知识,是丰富联想力的有效途径。

2. 寻找现实根源

联想不是无中生有的想象,想象的表现无论新奇到什么程度,构成新表象的材料永远都来自客观现实感知。例如,龙是伟大的中华民族的象征,世上并不存在真正的龙,然而龙的矫健英姿也不是凭空臆造的。远古时代许多民族以不同动物作为民族标志,今天我们看到的龙就是由蛇身、虎头、羊腿、鹿角等组合而成的新形象。联想意识需要我们注意在想象与现实中寻找线索,形成高品质的创造性想象。

史蒂夫·乔布斯曾经说过:"创造就是联系事物。"有创新意识的人,总是能够做到将自身经历和他们所看到的一些事物联系起来,整合成新鲜事物。

(五)风险意识

创新是做前人未做的事情,是对旧事物、旧观念的否定,是对传统习惯势力的挑战,是对现状的革新,因此很容易受到传统习惯势力和错误倾向的压制打击,致使创新的风险较高。加之没有现存的经验可供借鉴参考,创新的结果往往具有不确定性,有时甚至要付出高昂的代价,所以任何创新都面临风险。在增强创新意识时务必增强风险意识,有足够的思想准备应对和化解风险。

(六)系统观念

创新是一种系统性行为。系统普遍存在于自然界和人类社会中,世界上的一切事物又都存在于一定的系统中,是若干要素按一定的结构和层次组成的,并且具有特定的功能。从社会整体看,各个领域中的创新是相互关联的。科学的发现可能导致技术的革新,技术的革新又能推动经济的发展,经济的发展则又能对社会的经济和政治体制产生深远影响。系统分析作为一种思维方法和研究方法,科学地反映了事物系统性规律。因此,我们在增强创新意识时,应树立系统观念、掌握系统分析方法,避免以偏概全,避免只看到局部和暂时的利益,从而最大限度地使创新符合客观实际,达到整体优化的目标。

三、人人皆可创新

今天,地球上的每一个人,无论你是家长、企业家,还是农民、官员……你都能够在创新方面有所作为。你可以给失败者宽容的目光,你可以培养孩子的好奇心,你可以捍卫保护创新的制度,你可以开拓无限的市场……某种程度上来说,人人都是创新者,都可以成就意义非凡的创新。

习近平总书记指出:"哲学社会科学创新可大可小,揭示一条规律是创新,提出一种学说是创新,阐明一个道理是创新,创造一种解决问题的办法也是创新。"可以说,这一重要

论述适用于各个领域。创新具有丰富的内涵和多样的形式,只要能突破陈规、有所推进,无论大小都可以称得上是创新。生活从不眷顾因循守旧、满足现状者,从不等待不思进取、坐享其成者,而是将更多机遇留给善于和勇于创新的人。只要积极进取、敢想敢做,就能进行不同程度、不同类型的创新。

(一)创新不唯年龄

年轻意味着思想活跃,易于接受新鲜事物,尤其是在"互联网+"的条件下,确实有一大批年轻人登上创新创业舞台,但创新并不只是年轻人的事。"蛟龙"号载人深潜项目总设计师徐芑南,66岁重返工作岗位,77岁评上院士,81岁仍在不断创造中国载人深潜新纪录。不仅是载人深潜、航空航天、高铁等领域,金融投资、新兴产业等领域,都有老一辈佼佼者。他们经验丰富、见闻广博,往往更能抓住事物的要害,在很多关键岗位上发挥着举足轻重的作用。

(二)创新不唯学历

学历代表的主要是人们的受教育程度,而不一定是实际工作能力。农民工赵正义只有初中文化程度,但他苦心钻研15年,发明了高效、节能、环保的新型塔基,并获得国家科学技术进步奖二等奖。这样的人和事还有很多。一些人由于各种原因,错失进入大学深造的机会,他们从未放弃学习,而是一直努力吸取新知识,不断提高解决实际问题的能力,具有出类拔萃的创新能力。

(三)创新不唯职业

广大知识分子堪称创新的主力军,但创新是全方位、多层次、宽领域的,工人、农民等各类群体中也涌现出大量创新人才。"抓斗大王"包起帆立足本职岗位、勇于开拓创新,走上了世界工程技术的最高领奖台。还有"金牌工人"许振超,从一名普通工人自学成为"桥吊专家",练就"一钩准""一钩净""无声响操作"等绝活,先后6次打破集装箱装卸世界纪录,使"振超效率"闻名遐迩。

三百六十行,行行出状元。一个人不论年龄、身份和教育背景如何,只要有一定专业知识或专门技能,就能进行创新,为社会发展进步做出贡献。中国特色社会主义进入新时代,为各类人才创新提供了更为广阔的舞台和难得的机遇。让每一个有志成才的人都有创新空间,让每一个为国家和人民做出创新性贡献的人都能得到物质回报、精神激励。

(四)生活无处不创新

生活中的创新不一定等同于高科技,有时候生活中的灵光一现,迸发出的idea也可以真真实实地改变我们的生活,让生活更便捷、有趣、美好。即便是最简单的一日三餐,一个有创意的母亲也可以变换出各种新意。创意早餐达人——多妈,做的每道早餐都是一个创意,每个创意都是对孩子想象力的激发,每个想象力都源自日常生活温馨的亲子互动故事,每个亲子互动故事都在传达她对孩子的爱。就这样,在简单的生活中,升华出别样的境界和乐趣。多妈自己也从一个平面设计师、沙画师、摄影师,变身为早餐创意达人,甚至出版了《早点遇见你:50 道创意亲子早餐》一书。

📖 **拓展阅读** ✦

屠呦呦:青蒿济世 科研报国

疟疾是全世界最严重的传染疾病之一,有数字显示,在青蒿素被发现前,全世界每年约有 4 亿人次感染疟疾,至少有 100 万人死于该病。2021 年 6 月 30 日世界卫生组织宣布中国获得无疟疾认证,中国疟疾感染病例由 1940 年代的 3 000 万减少至零,这是一项了不起的壮举。从谈"疟"色变到实现无疟疾,中国的消除疟疾之旅,离不开青蒿素以及它的发现者——屠呦呦。

"呦呦鹿鸣,食野之蒿"。青蒿,中国南北方都很常见的一种植物,外表朴实无华却内蕴治病救人的力量。名字出自《诗经》的屠呦呦,正是用这株小草改变了世界。

屠呦呦,1930 年 12 月 30 日出生于浙江省宁波市,药学家。1951 年,考入北京医学院药学系。1955 年毕业后,被分配在卫生部中医研究院中药研究所工作。现为中国中医科学院首席科学家,终身研究员兼首席研究员,青蒿素研究开发中心主任,2015 年荣获诺贝尔生理学或医学奖;2017 年荣获国家最高科学技术奖和"最美奋斗者";2019 年荣获"共和国勋章"。

20 世纪 60 年代,在氯喹抗疟失效、人类饱受疟疾之害的情况下,屠呦呦接受了国家疟疾防治研究项目"523"办公室艰巨的抗疟研究任务。1969 年,在卫生部中医研究院中药研究所任实习研究员的屠呦呦成为中药抗疟研究组组长。

由于当时的科研设备比较陈旧,科研水平也无法达到国际一流水平,不少人认为这个任务难以完成。只有屠呦呦坚定地说:"没有行不行,只有肯不肯坚持。"

通过整理中医药典籍、走访名老中医,她汇集编写了 640 余种治疗疟疾的中药单秘验方集。在青蒿提取物实验药效不稳定的情况下,东晋葛洪《肘后备急方》中对青蒿截疟的记载——"青蒿一握,以水二升渍,绞取汁,尽服之"给了屠呦呦新的灵感。通过改用低沸点溶剂的提取方法,富集了青蒿的抗疟组分,屠呦呦团队最终于 1972 年发现了青蒿素。

2000 年以来,世界卫生组织把青蒿素类药物作为首选抗疟药物。世界卫生组织《疟疾实况报道》显示,2000 年至 2015 年期间,全球各年龄组危险人群中疟疾死亡率下降了 60%,5 岁以下儿童死亡率下降了 65%。

疟疾是世界上最主要的高死亡率传染病。青蒿素的发现,为世界带来了一种全新的抗疟药。如今,以青蒿素为基础的联合疗法(ACT)是世界卫生组织推荐的疟疾治疗的最佳疗法,挽救了全球数百万人的生命。

2015 年 10 月 5 日,瑞典卡罗琳医学院宣布将诺贝尔生理学或医学奖授予屠呦呦,以及另外两名科学家,以表彰他们在寄生虫疾病治疗研究方面取得的成就。这是中国医学界迄今为止获得的最高奖项,也是中医药成果获得的最高奖项。

在发现青蒿素后,屠呦呦继续深入研究以青蒿素为核心的抗疟药物。2019 年 6 月,屠呦呦研究团队经过多年攻坚,在青蒿素"抗疟机理研究""抗药性成因""调整治疗手段"等方面取得新突破,提出应对"青蒿素抗药性"难题的切实可行治疗方案,并在"青蒿素治疗红斑狼疮等适应证""传统中医药科研论著走出去"等方面取得新进展,获得世界卫生组织和国内外权威专家的高度认可。

中国医药学是一个伟大宝库,青蒿素正是从这一宝库中发掘出来的。

(五)职场无处不创新

职场创新也叫工作创新,是指在工作岗位上创新自己的工作能力,产生新的思路、方法、措施,产生新的工作效果、效益。职场创新的产生在于学习、实践,逐步产生新的工作感悟,进而提升工作能力。一个人的工作创新意识源于人的革命精神和科学态度相结合,并且和人的世界观、人生观、价值观等精神认识方面有关,和人的教育背景、文化程度、工作环境、学习实践有关。提倡提高工作创新意识,会使我们的工作不断优化。许多优秀的职场人在企业的支持下开展创新创业活动,走上企业内部创业之路。企业内部创新不仅满足了员工的创新创业欲望,同时也激发出企业内部的活力,是一种员工和企业双赢的管理制度。

📖 拓展阅读

艺术工作者的职场创新

2016年1月,在某直播平台上出现了一段中胡演奏,演奏者是中央民族乐团的中胡首席蔡阳。作为中央民族乐团的中胡首席,蔡阳工作日要上班排练,周末有演出。旺季时,她每月的演出超过十场。偶然的机会,蔡阳被朋友邀请到直播平台,把自己的职业训练在平台上呈现,引发了强烈的反响。直播时,她被21.5万人观看,而平时在国家大剧院的大剧场演出时,观众最多的时候也不过2 000人左右。20万人跟2 000人,这个数字对比是很可怕的。蔡阳把每次直播都看成一场演出,因为她热爱这个职业,并认为受众不是不喜欢传统艺术,只是以往缺少恰当的沟通方式,直播恰好弥补了这个不足。她可以让真正喜欢传统民乐的人找到便捷的平台,也可以让更多人理解经典之作。作为民乐的传承人,向大众推广也是她的使命。在蔡阳的身上,我们可以看到,把创新添加到日复一日的本职工作中,是可能的,也是有价值的。

——http://www.xinhuanet.com//book/2017-03/17/c_129511600.htm

(六)商业无处不创新

商业模式创新是指改变企业价值创造的基本逻辑,即把新的商业模式引入社会的生产体系,并为客户和自身创造价值。通俗地说,商业模式创新就是指企业以新的有效方式赚钱。新引入的商业模式,既可能在构成要素方面不同于已有的商业模式,也可能在要素间关系或者动力机制方面不同于已有的商业模式。

熊彼特提出商业创新具体有五种形态,即开发出新产品、推出新的生产方法、开辟新市场、获得新原料来源、采用新的产业组织形态。

商业模式创新有以下几个明显的特点。

① 商业模式创新更注重从客户的角度,从根本上思考设计企业的行为,视角更为外向和开放,更多注重和涉及企业经济方面的因素。

② 商业模式创新表现得更为系统和根本,它不是单一因素的变化。

③ 从绩效表现看,商业模式创新如果提供全新的产品或服务,那么它可能开创了一个全新的可盈利产业领域,即便提供已有的产品或服务,也更能给企业带来更持久的盈利能力与更强的竞争优势。

四、创新的七个来源

改革开放以来,中国持续引进西方科技和管理经验,彼得·德鲁克的管理思想在其中具有里程碑式的意义。20世纪80年代初,中央号召领导干部积极学科学、学管理,德鲁克的《卓有成效的管理者》作为其代表性著作,在全国直接催发了学管理的热潮。华为的掌舵者任正非、海尔的领军人张瑞敏等不约而同地成为德鲁克管理思想的积极学习者、实践者和传播者。

> 创新有时需要离开常走的大道,潜入森林,你就肯定会发现前所未见的东西。
>
> ——贝尔

在德鲁克的管理思想中,对创新的思考和研究占有重要的地位。在《创新与企业家精神》这部著作中,德鲁克从企业家经济谈起,层层递进地讨论了创新和企业家精神,根据一些成功的创新案例,总结归纳了创新的七个来源。

(一)创新的第一个来源——意外事件

创新很重要的一个来源就是意外事件,这种意外事件会有三种表现:意外的成功、意外的失败和外部的意外。

很多意外的成功给我们的创新带来机会,但是往往很多时候没有被重视。要利用意外的成功所带来的创新机遇,我们必须进行分析。意外的成功只是一个征兆,但它是什么征兆呢? 表面征兆往往是我们的认知、知识和理解力不够造成的。意外的成功不仅仅是创新的机遇,同时还需要有所创新。而事实上,意外的成功是风险最小、回报最高的创新机遇。

很少有人将意外的失败视为创新的机遇。因为面对失败时,我们更多的做法是研究失败的原因。很少有人跳出失败,看到其背后创新的机遇。其实意外的失败乃至竞争对手的失败都可能成为创新的来源。

外部的意外指一些外部事件,特别是没有反映在管理者所采用的信息和数字资料上的事件。比如,IBM在20世纪70年代确认未来是主机市场的天下后,却在70年代末发现了个人机市场的壮大。一些当初人们确信根本不会发生甚至觉得毫无意义的事情,当变化真正来临时被全盘否定。外部的意外要求人们必须走出去,重新组织自己,充分利用以前确信不会发生却真实发生的事所带来的机会。

（二）创新的第二个来源——不协调事件

所谓不协调，是指从逻辑上、道理上应该行，但实际结果就是不行，这时候就可能产生创新。比如集装箱的发明。20世纪50年代之前，航海公司都在集中购买好货船、招聘好船员。他们的想法是，只有船跑得更快、船员业务更熟练，航运效率才会更高，公司才能赚钱。虽然有道理，但效果不佳，成本还是居高不下，整个行业都坚持不下去。仔细研究发现，原来当时影响效率的最大因素不是船和船员，而是轮船在港口闲置、等待卸货再装货太耽误时间。于是，提高货物装卸的速度就成了核心要义，因此集装箱被发明出来，航运总成本一下子下降了60%，整个航运业才起死回生。

📖 **拓展阅读**

吉列剃须刀的诞生

吉列剃须刀的发明人是美国人金·坎普·吉列。他原是一家公司的推销员，为了保持整洁形象，每次出门前都要刮胡须，用的刀子很简单，每天要磨很麻烦，有时不小心还会刮破脸而流血。他对当时已有的剃须刀很不满意，通过对剃须的观察和思考，他想发明一种安全的剃须刀。他在理发时，观察理发师用梳子夹起头发，再用剪刀去剪，于是获得灵感，产生联想，并立即进行制作。经过几年的努力，终于生产出了安全的剃须刀，并于1901年获得专利。这种安全方便的剃须刀至今被人们广泛使用。

——梁世瑞：《创新者：共性特质密码》，国防工业出版社，2015年版

（三）创新的第三个来源——程序需求

所谓程序需求，是指寻找现有流程中的薄弱环节，发现创新的机会。比如巴西的阿苏尔航空公司，机票价格很低，但乘客不怎么多。后来公司发现，这是因为乘客到机场很不方便，坐出租车很贵，而坐公交或者地铁又没有合适线路。也就是说，"从家到机场"是顾客出行流程的一部分，但没有得到有效地满足。于是，阿苏尔航空开通了到机场的免费大巴，生意迅速蹿火，成为巴西成长最快的航空公司。

（四）创新的第四个来源——行业和市场变化

通常情况下，行业和市场结构的变化是循序渐进的，看起来十分稳定，但这种量变积累到一定程度就会产生质的飞跃，尤其在"互联网＋"时代，市场和技术日新月异，随着新技术或技术组合不断在生产和服务领域的推广和扩散，产品结构、价格结构、消费结构都会不断发生变化。在微观产业层次上，产业内结构和某一个产业经常会突然加速增长，出现"井喷现象"。如果事先可预测到行业和市场的变化，就能成为行业领跑者；反之，可能会被市场所淘汰。

（五）创新的第五个来源——人口结构的变化

人口结构的变化包含人口数量、年龄结构、性别组合、就业情况、受教育状况、收入情

况等方面的变化,这些都会带来新的机会。比如在中国,据估计到 2020 年 60 岁以上的中国人将达到 2.48 亿,到 2040 年这个数字是 4.37 亿,约占总人口的 1/3,这一人口结构的变化,带来很多创新机会。从老年群体到年轻一代及其子女,产生很多的细分市场,可以为消费者提供产品和服务的机会。

(六)创新的第六个来源——认知上的变化

认知的变化是指人们改变了对同一件事情的看法,尽管事实本身并没有发生改变,但事实的意义已经改变了。认知变化可能存在于各种不同的领域,同一种认知变化也能被不同的行业加以利用,成为创新的契机。

意料之外的成功和失败能产生创新,就是因为它能引起认知上的变化。比如计算机,最早人们认为只有大企业才有用,后来意识到家庭也能用,这才有了家用电脑的创新。反过来,如果认知上没有变化,就可能失去创新。比如,福特当年取得成功以后,对消费者的认知一直没有变化,一直以为买车的都是男人,汽车声音大,开起来才带劲。相反,丰田生产出乘坐舒适度更高、噪声更小的家用轿车,占领了更多的市场。

(七)创新的第七个来源——新知识

新知识包括科学知识和非科学知识。德鲁克发现,在所有创新来源中,这个创新的利用时间最长。因为新知识从发现到应用时间跨度长,往往需要和其他的知识融合在一起才能完成创新;在应用阶段,初期往往不被市场认可。比如,德鲁克提到,喷气式发动机早在 1930 年就发明出来了,但应用到商业航空上是在 1958 年波音公司研制出波音 707 客机,中间隔了 28 年。因为新飞机的研发不仅是发动机,还需要空气动力学、新材料以及航空燃料等多方面知识技术的融合。因此,基于新知识的创新,需要设定一个清晰的战略定位。

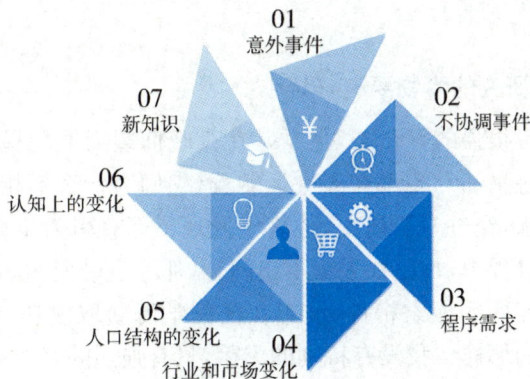

图 2-3　创新的七个来源

2.2 创新精神的养成方法及调适

热身活动

有一棵树,树下面的1头牛被一根2米长的绳子牢牢牵住鼻子,牛的主人把饲料放在离牛5米远的地方就走开了。这牛很快就将饲料吃了个精光,牛是怎样吃光饲料的?

一、创新精神的概念

创新精神是指要具有能够综合运用已有的知识、信息、技能和方法,提出新方法、新观点的思维能力和进行发明创造、改革、革新的意志、信心、勇气和智慧。创新精神属于科学精神和科学思想范畴,是进行创新活动必须具备的一些心理特征,包括创新意识、创新兴趣、创新胆量、创新决心及相关的思维活动。创新精神是一种勇于抛弃旧思想、旧事物,创立新思想、新事物的精神。例如,不满足已有认识(掌握的事实、建立的理论、总结的方法),不断追求新知;不满足现有的生活生产方式、方法、工具、材料、物品,根据实际需要或新的情况,不断进行改革和革新;不墨守成规(规则、方法、理论、说法、习惯),敢于打破原有框架,探索新的规律、新的方法;不迷信书本、权威,敢于根据事实和自己的思考,向书本和权威质疑;不盲目效仿别人的想法、说法、做法,不人云亦云、唯书唯上,坚持独立思考,说自己的话,走自己的路;不喜欢一般化,追求新颖、独特、异想天开、与众不同;不僵化、呆板,灵活地应用已有知识和能力解决问题。所有这些,都是创新精神的具体表现。创新精神是一个国家和民族发展的不竭动力,也是一个现代人应该具备的素质。

二、创新精神的养成方法

(一)对所学习或研究的事物要有好奇心

牛顿少年时期就有很强的好奇心,他常常在夜晚仰望天上的星星和月亮。星星和月亮为什么挂在天上?星星和月亮都在天空运转着,它们为什么不相撞呢?这些疑问激发着他的探索欲望。后来,经过专心研究,他终于发现了万有引力定律。能提出问题,说明在思考问题。在学习过程中,自己如果提不出问题,那才是最大的问题。好奇心里包含着强烈的求知欲和追根究底的探索精神,谁想在茫茫学海获取成功,就必须有强烈的好奇心。正像爱因斯坦说的那样:"我没有特别的天赋,只有强烈的好奇心。"

(二)对所学习或研究的事物要有怀疑态度

不要认为被人验证过的都是真理。许多科学家对旧知识的扬弃、对谬误的否定,无不自怀疑开始的。例如,伽利略则始于对亚里士多德"物体依本身的轻重而下落有快有慢"的结论的怀疑,发现了自由落体规律。怀疑是发自内在的创造潜能,它激发人们去钻研、去探索。对课本,我们不要总认为是专家教授们写的,不可能有误。专家教授们专业知识渊博精深,我们是应该认真地学习。但是,事物在不断地变化,有些知识此时适用,将来不一定适用。再说,现有的知识不一定没有缺陷和疏漏。老师不是万能的,任何老师所传授的专业知识不能说全部都是绝对准确的。对待我们所学习或研究的事物应做到:不要迷信任何权威,应大胆地怀疑。这是我们创新的出发点。

（三）对所学习或研究的事物要追求创新的欲望

如果没有强烈的追求创新的欲望,那么无论怎样谦虚和好学,最终都是模仿或抄袭,只能在前人划定的圈子里周旋。要创新,我们就要坚持不懈地努力,勇敢面对困难,要有克服困难的决心,不要怕失败,相信一点,失败乃成功之母。例如,著名学者周海中教授在探究梅森素数分布时就遇到不少困难,有过多次失败,但他并不气馁。由于追求创新的欲望和坚持不懈的努力,他终于找到了这一难题的突破口。1992年,他给出了梅森素数分布的精确表达式。目前,这项重要成果被国际上命名为"周氏猜测"。

（四）对所学习或研究的事物要有求异的观念

不要"人云亦云"。创新不是简单地模仿。要有创新精神和创新成果,必须要有求异的观念。求异实质上就是换个角度思考,从多个角度思考,并将结果进行比较。求异者往往要比常人看问题更深刻、更全面。

（五）对所学习或研究的事物要有冒险精神

创造实质上是一种冒险,因为否定人们习惯了的旧思想可能会招致公众的反对。冒险不是指那些危及生命和肢体安全的冒险,而是一种合理性冒险。大多数人都不会成为伟人,但我们至少要最大程度地挖掘自己的创造潜能。

（六）对所学习或研究的事物要做到永不自满

一个有很多创造性思想的人如果就此停止,害怕去想另一种可能比这种思想更好的思想,或已习惯了一种成功的思想而不能再产生新思想,结果这个人就会变得自满,停止了创造。

三、创新精神缺失的自我调适

无论是国家、企业还是个人,都需要有创新思维。早在两千多年前,老子就在《道德经》中提出"天下万物生于有,有生于无"的创新思想;1919年,我国著名教育家陶行知先生第一次将"创造"引入教育领域,致力于培养出具有"创新精神"和"开辟精神"的人才。天下兴亡,匹夫有责,个人创新能力对国家富强和民族兴旺有着重要意义。

> 敢探未发明的真理,即是创造精神;敢入未开化的边疆,即是开辟精神。创造时,目光要深;开辟时,目光要远。
> ——陶行知

（一）具有创造意识和科学思维

一方面,每一个人都应在竞争中强化自己的创造意识,要敢于标新立异。一个具有创新精神的人对事物应有敏锐的洞察力,在生活中发现问题,敢于提出问题,那么最终的解决办法就是一种创新;其次还要善于大胆假设,要敢想、会想,不要被思维固化,跳出思维的局限看待事物,创新便会很简单。另一方面,在具有创造意识的同时还要培养科学思维。面对同一问题,发散思维,从不同的角度去思考,扩大自己的认知地图,才能不断创新。

(二)不断进行自我提问

如果不问"为什么",人类会减少很多创新性的见解。一个具有创新思维的人总是能透过表面现象去寻找问题的本质,他们从来不把任何事情看作水到渠成的过程,也不会把事情当作理所当然的结果。那些看似一时冲动提出的问题往往包含着更多创新思维的火花。

(三)表达自己的想法

一个人一生中会有太多的想法,其中大部分的想法都被自我审查意识否定了。这种自我审查机制将一切看似离经叛道的想法都当作"杂草"一样铲除,留下循规蹈矩的想法,但这些循规蹈矩的想法是没有创造力的,想要创新便不能放弃每一根"杂草"。当你有了稀奇古怪的想法时应该表达出来,每一次表达都能拯救一个创新的小火花,只有这样才能更仔细地去审视、去探索、去验证、去发现它们真正的价值。

(四)拥有坚定的信念和意志

创新的道路并不是一帆风顺的,想要实现一个小创意、小方法也会遇到种种困难。创新的过程从不是一蹴而就,在创新的过程中应坚定信心,不断进取。当创新活动误入歧途时,应调整方向,迫使自己"转向"或"紧急刹车"。

2.3 培养创新精神的意义和作用

热身活动

啤酒瓶的用途

【活动目标】 从实际生活中寻找创意来源,体验创新的过程。

【建议时间】 15 分钟

【材料准备】 白纸、彩笔

【活动步骤】

1. 学生四人一组,通过思维导图的形式展现出啤酒瓶的用途。

2. 每组选出一名代表进行汇报。

3. 老师进行点评总结。

一、培养创新精神是知识经济时代的需要

知识经济是人类社会继农业经济、工业经济之后又一种崭新的经济形态。知识经济

的基本特征,就是知识不断创新,高新技术迅速产业化。创新是知识经济时代的一个显著标志。相对传统经济,知识经济实现了从有形资产向无形资产的转变,从重视引进、模仿能力向强调创新能力转变。知识经济形态的重点就是创新、再创新。为了使学生适应现代社会的需要,必须注意学生创造力的发展,培养学生的创新精神。

二、培养创新精神是推动国民生产力发展的需要,是社会发展的需要

创造性劳动是社会进步的决定性力量,创造性劳动是社会经济增长的动力。当今世界各国的发展战略,是争先抢占科技、产业和经济的制高点。这就是国民创造力的竞争,是创造性人才的创造速度和创造效率的竞争。培养国民的创新精神是发展国民生产力的需要。

拓展阅读

李比希的错误之柜

德国化学家李比希被称为有机化学、生物化学和农业化学的开路人。1822 年,李比希曾试着把海藻烧成灰,用热水浸泡,再往里面通氯气。他发现,在残渣底部沉淀着一种棕红色的液体。当时,李比希的实验设备和实验技术完全有条件从这瓶液体中发现新元素溴。但是,李比希没有做认真的化学分析,想当然地认为这种物质是海藻烧灰通氯气得到的,可见是海藻中的碘和氯起化学反应生成的氯化碘。他在瓶子上贴了“氯化碘”的标签,放在柜子里,一放就是四年。

1826 年 8 月 14 日,法国化学家巴拉尔宣布发现了新元素溴。这一发现震惊了化学界。李比希看到巴拉尔的报告以后,顿时想起四年前他放到柜子里的那瓶“氯化碘”。他翻箱倒柜找出了那瓶棕色液体,认真地进行了化学分析,结果使他既激动又痛心。分析证明,那瓶棕色液体不含有氯,也不含有碘,更不是他猜测的“氯化碘”,其成分正是巴拉尔发现的新元素溴。如果他在四年前跳出想当然的经验,能以严格的科学态度分析那瓶棕色液体,那么发现元素溴的会是自己。他悔恨自己做了大半辈子的化学研究,却缺乏严格的科学态度。为了警诫自己,他把那瓶棕色液体放在原来的柜子里,并把柜子搬到大厅中,在上面贴了一个工整的字条“错误之柜”。他还把瓶子上的标签揭了下来,用镜框装上,挂在床头,不但自己看,还给朋友们看。

三、培养创新精神是提高学生综合素质的需要,是现代教育的迫切要求

教育创新,与理论创新、制度创新和科技创新一样,是非常重要的,而且教育还要为各方面的创新工作提供知识和人才基础。因此,要解放思想,确立以创新为重点的教育理念,在教育的价值观、教学观、师生观、教学评价和教学管理上进行全面革新。将单纯的继承前人知识转变为在继承的基础上推动创新,培养高素质的社会主义建设者。要用发展的观点看待学生,要为学生的健康提供一个良好的氛围。培养学生的创新意识、创新思想、创新方法、创新能力和实践能力,引导和帮助青少年树立正确的世界观、人生观、价值

观,提高学生的综合素质。只有这样,才能全面推行素质教育,造就德、智、体、美、劳等方面全面发展的社会主义事业的建设者和接班人。

> 培育创新文化,弘扬科学家精神,涵养优良学风,营造创新氛围。扩大国际科技交流合作,加强国际化科研环境建设,形成具有全球竞争力的开放创新生态。
>
> ——2022 年 10 月 16 日,习近平总书记在党的二十大报告中强调

实操训练 1

创新意识自测

请通过下列问题对自己的创新意识进行差距测评,请将答案写在题号后面的括号内。

1. 你在何时会产生改变现状的愿望和要求？ （   ）
   - A. 时时都想改变现状
   - B. 在面对机遇时
   - C. 在遭遇困难时

2. 当你提出的超常规想法遭到他人否定时,你会如何做？ （   ）
   - A. 找出被否定的原因并加以完善
   - B. 坚持自己的想法
   - C. 放弃自己的想法

3. 你是否会经常提出别人不敢去想的问题？ （   ）
   - A. 经常会提出
   - B. 根据问题的领域而定
   - C. 偶尔会提出

4. 你对现有事物如何认识？ （   ）
   - A. 应不断进行革新
   - B. 有可以改善的地方
   - C. 存在即合理

5. 你如何理解创新过程中的风险？ （   ）
   - A. 创新有较高风险
   - B. 创新有一定风险
   - C. 创新有较少风险

6. 对于管理工作中的各种意见,你持怎样的态度？ （   ）
   - A. 善于提出自己的意见
   - B. 善于补充别人的意见
   - C. 善于评价别人的意见

7. 你如何看待专家或权威的意见？　　　　　　　　　　　　（　　）
    A. 不可全信
    B. 根据自己对意见涉及领域的熟悉程度判断
    C. 专家很少犯错

8. 你喜欢什么性质的工作？　　　　　　　　　　　　　　　（　　）
    A. 新颖而富有挑战性的工作
    B. 需要进行一定思考的工作
    C. 程序性或反复性的工作

9. 当你看到一个产品时，你做何想法？　　　　　　　　　　（　　）
    A. 首先想找到它的缺陷
    B. 研究产品的优点
    C. 总是感觉很好

10. 你是否对新鲜的事物具有好奇心？　　　　　　　　　　（　　）
    A. 是的，我会一探究竟
    B. 对自己有兴趣的东西会很注意
    C. 没有

    评分标准：选 A 得 3 分，选 B 得 2 分，选 C 得 1 分。

表 2-1　自测评分表

请写下你的得分：	请选择你的得分区间，并在方框内打"√"
	□ 24 分以上　说明你的创新意识很强，请继续保持和提升
	□ 15—24 分　说明你的创新意识一般，请努力提升
	□ 15 分以下　说明你的创新意识很差，急需提升

实操训练 2

美丽风景线

目的：拓宽思路，激发每个人的创意。

道具：白纸、黑笔。

步骤：

1. 在纸上画几个点，如图 2-4 所示。

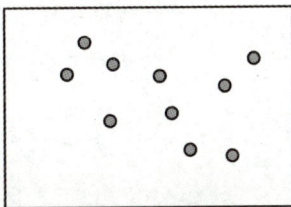

图 2-4　随意画点

2. 将图 2-4 复印成多张。

3. 请同学们随意连接图中的圆点,并且评选出画得最有创意的图片。

点评:创新并非遥不可及,在生活中只要稍稍改变一下思路便能产生不一样的效应,今后我将这样树立创新意识:

_____

_____

_____

实操训练 3

趣味游戏 1:无敌风火轮

项目类型:变通性游戏。

道具要求:报纸、胶带。

场地要求:空旷的大场地。

时间:10 分钟左右。

详细玩法:12—15 人一组,利用报纸和胶带制作一个可以容纳全队成员的封闭式大圆环;将圆环立起来,全队成员站到圆环上边走边滚动大圆环。

趣味游戏 2:七彩连环炮

项目类型:创新游戏。

活动目的:本活动旨在挑战创造力极限。

比赛人数:一队 6 名队员(3 男 3 女)。

道具要求:气球若干。

场地要求:空旷的大场地。

游戏方法:男女间隔排列,先男后女,以接力的形式,第一名同学跑到指定位置吹气球,直到吹破再跑回原位置换下一个同学,如此轮换;以两分钟为限,计时完毕按吹破气球个数记录成绩。

竞赛规则:

1. 男女必须间隔排列(为了增加公平性)。

2. 必须在上一个队员吹破之后下一个同学才能开始吹,否则将在总个数里面进行相应扣减。

复习思考题

一、名词解释

1. 创新意识

2. 批判意识

3. 联想意识

4. 职场创新

5. 商业模式创新

二、单选题

1. 以下不属于意识活动的是 （　　）

   A. 知

   B. 情

   C. 意

   D. 行

2. 以下不属于创新意识内涵的是 （　　）

   A. 创造动机

   B. 创造兴趣

   C. 创造情感

   D. 创造行为

3. 激发创新意识的第一步是 （　　）

   A. 确定目标

   B. 保持好奇心

   C. 持续创造

   D. 勇于实践

4. 创新意识的第一要素是 （　　）

   A. 批判意识

   B. 观察意识

   C. 联想意识

   D. 风险意识

5. 农民工赵正义只有初中文化程度,但他苦心钻研15年发明了高效、节能、环保的新型塔基,并获得国家科学技术进步奖二等奖。这体现了 （　　）

   A. 创新不唯年龄

   B. 创新不唯学历

   C. 创新不唯职业

   D. 创新不唯性别

6. 瑞士发明家乔治利用苍耳的原理,发明了尼龙搭扣的创新来源于 （　　）

   A. 意外事件

   B. 程序需求

   C. 行业和市场变化

   D. 新知识

7. （　　）是人们进行创造活动的出发点和内在动力。

    A. 创新意识

    B. 创新思维

    C. 创新方法

    D. 创新实践

8. 红极一时的柯达胶卷时代被数码时代取代,体现了创新来源于   (   )

    A. 意外事件

    B. 程序需求

    C. 行业和市场变化

    D. 新知识

9. 创新的一个重要来源是意外事件,以下不属于其表现形式的是   (   )

    A. 意外的惊喜

    B. 意外的成功

    C. 意外的失败

    D. 外部的意外

10. 产生联想意识需要具备的条件是   (   )

    A. 少量的知识储备

    B. 无中生有的想象

    C. 依托现实根源的寻找

    D. 化解风险的能力

三、判断题

1. 创新意识活动需要人们经过艰苦的思考和探索后,才能获得新的发现或发明,因此是痛苦的过程。   (   )

2. 创新过程中有了想法和新思路就要去实践,不然只能是纸上谈兵、空中楼阁,起不到实效。   (   )

3. 好奇心是求知欲的具体表现,其强烈程度与求知欲的强烈程度成正比,好奇心越强,渴求获得知识的心情就越迫切。   (   )

4. 重视观察,首先要重视对自己所研究领域以外的观察,这样才更容易有所突破。   (   )

5. 创新意识是思维火花的瞬间爆发,没有任何系统性。   (   )

6. 创新意味着思想的活跃,对新事物较强的接受能力,因此只能是年轻人的事。   (   )

7. 提倡提高工作创新意识,会使我们的工作不断地优化。   (   )

8. 当从逻辑上、道理上应该行,但实际结果就是不行的事件发生,说明此时条件不成熟,不适合创新。   (   )

9. 所谓程序需求,也就是寻找现有流程中的薄弱环节,发现创新。   (   )

10. "抓斗大王"包起帆立足本职岗位、勇于开拓创新,走上了世界工程技术的最高领奖台。这体现了创新不唯年龄。   (   )

创新思维也许只是1厘米的差距

一家啤酒公司发布了一则消息：面向社会诚征宣传海报，开价是50万美金。消息一出，许多人趋之若鹜，不到半个月就收到了上千幅广告作品。但是，大都不尽如人意，负责人只得从中选择了一件较为满意的作品。

这幅作品的大致内容是这样的：一只啤酒瓶的上半身，瓶内啤酒汹涌，在瓶颈处紧握着一只手，拇指朝上，正欲顶起啤酒瓶的瓶盖，旁边配上的广告标语是："忍不住的诱惑！"

但是，老总仅仅看了两秒钟就否决了这幅作品，理由是：用拇指来开瓶盖，这种做法十分危险。若是有消费者因为模仿广告而受伤的话，那就得不偿失了。

看到老总如此挑剔，许多人都望而却步。这时，一个学生却自信地走进了老总的办公室。同样是两秒钟的时间，老总突然从座位上蹦了起来，说："太棒了，这才是我想要的！"

第二天，这幅海报就铺天盖地般见诸各大平面媒体，内容其实很简单：一只啤酒瓶的上半身，瓶内啤酒汹涌，在瓶颈处紧握着一只手，用拇指紧紧地压住瓶盖，尽管这样，啤酒还是如汩汩清泉般溢了出来。这幅海报的广告标语是："精彩按捺不住！"

同样是一只拇指，仅仅是向上位移了一厘米，变换了一下姿势，就赢得了50万美金！这在许多人看来未免也太投机取巧了。然而，你可曾想过：这短短一厘米的背后，差距有多少呢？

小组活动

1. 创新思维具有哪些特点？
2. 影响创新思维的因素有哪些？

3.1 创新思维的基本概念

热身活动

奇怪的"等式"

有两个等式：

4－3＝5

9＋4＝1

在什么情况下，这两个等式是正确的？请找出答案。

一、创新思维概述

（一）思维活动

心理学认为，思维是人脑对现实的概括和反映，它反映的是事物的本质和事物间规律性的联系。思维同感知觉一样是人脑对客观现实的反映。感觉和知觉是当前的事物在人头脑中的直接的印象，反映的是事物的个别属性、个别事物及其外部的特征和联系，属于感性认识；而思维所反映的是一类事物共同的、本质的属性和事物间内在的、必然的联系，属于理性认识。

> 思维是灵魂的自我谈话。
> ——柏拉图
> 思维是地球上最美丽的花朵。
> ——恩格斯
> 思维世界的发展，在某种意义上说，就是对惊奇的不断摆脱。
> ——爱因斯坦

人们在生活实践中还常常遇到许多仅靠感觉、知觉和记忆解决不了的问题。实践要求人们在已有的感知经验的基础上通过迂回、间接的途径去寻找问题的答案；实践要求人们对丰富的感性材料进行"去伪存真、去粗取精、由此及彼、由表及里"的改造制作，以解决问题。这种"改造制作"，这种通过迂回的途径获得问题的答案的认识活动，就是思维活动。

（二）创新思维的内涵

创新思维是以新颖独特的思维活动，揭示客观事物本质及内在联系并指引人们去获得对问题的新的解释，从而产生前所未有的思维成果的思维方法，也称创造性思维。创新思维的本质在于将创新意识的感性愿望提升到理性探索上，实现创新活动由感性认识到理性思考的飞跃。

它给人们带来新的具有社会意义的成果，是一个人智力水平高度发展的产物。创新思维与创造性活动相关联，是多种思维活动的统一。创新思维是创新活动的基础，因此优质的创新活动成果离不开高效的创新思维。创新思维也可以从广义和狭义两个方面来理解。

1. 广义的创新思维

一般认为，人们在提出和解决问题的过程中，一切对创新成果起作用的思维活动都可以视为广义的创新思维。它强调的是，思维者思考的问题是生疏的，是没有固定的思维程序和模式可以套用的思考活动。任何具有新颖独到之处的思维，都可以被视为创新思维。

2. 狭义的创新思维

狭义的创新思维是指人们在创新活动中直接形成创新成果的思维活动，如一种新理论的建立、新技术的发明等。思维成果的独创性显得尤为重要，是前所未有的，它要被社会承认并产生巨大的社会效益。

创新思维有很多种，主要有发散思维、收敛思维、想象思维、组合思维、移植思维、灵感思维、逻辑思维、辩证思维等。在本章的第三节、第四节和第五节将详细介绍它们的特点和训练方法，此处不赘述。

📖 拓展阅读

改 变 颜 色

日本的东芝电器公司在1952年前后曾一度积压了大量电扇，7万多名职工费尽心思想了不少办法依然没有解决积压问题。一天，一名职工向当时的董事长提出了改变电扇颜色的建议，而在当时全世界的电扇都是黑色的。经过研究，公司最终采纳了这个建议。第二年夏天，东芝公司推出了一批浅蓝色电扇，掀起了市场上一阵抢购热潮，几个月就卖出了几十万台。

二、创新思维的特征

（一）开放性

开放性在本质上是一个空间概念，即指开放的感觉、开放的信息、开放的观念、开放的价值，是一种多视角、全方位看问题的思维特征。思维的开放性是创新性的认知风格，是反映信息在交流中无阻碍，同时不引起情感芥蒂的一种心理状态。思维开放性是创新思维得以产生的前提。

（二）求异性

求异性是指对司空见惯的想象或已有权威理论的事物能始终持怀疑、分析、批判的态度而不轻信盲从，并能用新的方式来对待和思考所遇到的问题。

（三）新颖性

新颖性就是指独特性，突破传统思维定式和狭隘眼界，通过独特的视角和前人没有尝试的方法去思考和解决问题。

（四）灵活性

创新思维的灵活性是指思维结构是灵活多变的，其思路能及时转换与变通。通过多方法、多渠道、强能量、高效率、多反馈地进行反复探索、反复试验，提高成功概率。

（五）非易见性

非易见性指创新思维的过程和结果，是对目前该领域中的不易从现有原理中推出，但通过非逻辑的跳跃和打破旧联系而获得的结论。

三、创新思维的过程和作用

（一）创新思维的过程

创新思维一般经历准备阶段、酝酿阶段、明朗阶段和验证阶段四个阶段。

1. 准备阶段

定义问题、需求和欲望，并基于此搜寻解决方案的信息，或者对此做出解释响应，再建立标准去检验方案的可接受程度。

2. 酝酿阶段

回归问题本身，让内心沉浸其中进行深思熟虑，然后尝试能否解决。如同准备阶段，酝酿阶段的周期可以持续数分钟、数周乃至数年。

3. 明朗阶段

想法从内心涌现，产生具有创造力的回响。这种情况可能分散性出现，也有可能整体性出现。

4. 验证阶段

开展各种活动，用于阐述能否满足在明朗阶段中涌现的想法以及准备阶段设定的标准。

为了突出发现问题和定义问题的重要性，准备阶段又被分为洞察阶段和准备阶段。所以，目前创新思维过程也被分为五个阶段，即洞察阶段、准备阶段、酝酿阶段、明朗阶段和验证阶段。

（二）创新思维的作用

1. 创新思维可以不断地提高人类的认识能力

创新思维能力的获得依赖于人们对历史和现状的深刻了解，依赖于敏锐的观察能力和分析问题能力，依赖于平时知识的积累和知识面的拓展。从某种程度来看，创新思维是一项高超的实践活动，其内在的东西是无法模仿的，这里所指的内在的东西就是创新思维能力。要想获得对未知世界的认识，人们就要不断地尝试用前人没有采用过的思维方式、思考视角去思考，就要独创性地寻求没有用过的办法和途径去科学地观察问题、分析问题、解决问题，从而极大地提高人类认识未知事物的能力。所以，认识能力的提高离不开创新思维。

2. 创新思维可以不断地增加人类的知识量

创新思维是为探索未知世界而产生的，它的存在就是为了不断地把未被认识的东西变为可以认识和已经认识的东西,不断扩大人们的认识范围。科学上的每次发现和创造,都能增加人类的知识量。

3. 创新思维可以不断拓展实践的范围

创新思维的独创性与风险性赋予了它敢于探索和创新的品格,在这种品格的引领下,人们不再局限于已有的知识与经验,不满足于现状,总是力图探索客观世界中还未被认识的本质和规律,并以此为指导进行开拓性实践,开辟出人类实践活动的新领域。若没有创新思维,人类躺在已有的知识和经验上坐享其成,人类实践活动的领域将会越来越小,实践活动也只能停留在原有水平上。

3.2　突破传统思维障碍

热身活动

美国的加州发现了金矿,许多做着淘金梦的热血青年为了得到黄金纷纷前往,可一条大江挡住了必经之路。遇到这种情况,你会怎么办?

在长期的思维活动中,每个人都形成了自己惯用的思维模式,当面临某个事物或者现实问题时,便会不假思索地把它们纳入已经习惯的思想框架进行思考和处理,这就是思维定式。思维定式有如下两个特点:一是形式化结构。思维定式不是具体的思维内容,而是许多具体的思维活动所具有的逐渐定型的一般路线、方式、程序和模式。二是强大的惯性或顽固性。思维定式不仅逐渐成为思维习惯,而且深入潜意识,成为处理问题时不自觉的反应。

思维定式有益于日常对普通问题和流程性工作的思考和处理,但不利于创造性思维。它阻碍新思想、新观点、新技术和新形象的产生,因此在创造性思维过程中需要突破思维定式。

一、常见的思维定式

思维定式多种多样,不同的人有不同的思维定式。常见的思维定式有从众型思维定式、书本型思维定式、经验型思维定式和权威型思维定式。

(一)从众型思维定式

从众型思维定式是没有或不敢坚持自己的主见,总是顺从多数人的意志,是一种广泛存在的心理现象。在生活中,从众型思维定式普遍存在。例如,走到十字路口,明明红灯已经亮了,本应该停下来,但看到大家都在往前冲,也会随着人群往前冲。从众型思维定式对于一般的生活、工作是可以接受的,但对于创造性思维来说必须加以警惕和破除。破除从众型思维定式,需要在思维过程中不盲目跟随,具备心理抗压能力;在科学研究和发明过程中,要有独立的思维意识。

📖 拓展阅读

猴 子 实 验

有科学家曾做过一个实验:将四只猴子关在一个密闭的房间里,每天喂很少食物,让猴子饿得吱吱叫。数天后,实验者从房间上面的小洞放下一串香蕉,一只饿得头昏眼花的大猴子一个箭步冲向前,可是它还没拿到香蕉就被预先设置的高压水枪攻击,当后面三只猴子依次爬上去拿香蕉时,一样被水枪攻击。于是猴子们只好望"蕉"兴叹。又过了几天,实验者换了一只新猴子进入房内,当新猴子也想尝试爬上去吃香蕉时,立刻被其他三只猴子制止,并告知有危险,千万不可尝试。实验者再换一只猴子进入,当这只猴子想吃香蕉时,有趣的事情发生了,不但剩下的两只老猴制止它,连没被水枪攻击过的半新猴也极力阻止它。实验继续,当所有的猴子都已换过之后,仍没有一只猴子敢去碰香蕉。水枪机关虽然取消了,但水枪浇注的"从众思维"束缚着进入笼子的每一只猴子,它们谁也不敢前去享用唾手可得的盘中美餐——香蕉。

(二)书本型思维定式

书本知识对人类所起的积极作用是显而易见的。现有的科学技术和文学艺术是人类两千多年来认识世界、改造世界的经验总结,其中大部分通过书本传承下来。因此,书本知识是人类的宝贵财富,必须认真学习与继承,只有这样才能站在巨人的肩膀上继续前进。对于书本知识的学习需要掌握其精神实质,活学活用,不能当作教条死记硬背,不能作为万事皆准的绝对真理,否则将形成书本型思维定式。

书本型思维定式就是认为书本上的一切都是正确的,必须严格按照书本上说的去做,不能有任何怀疑和违反。这是把书本知识夸大化、绝对化的片面有害观点。随着社会的不断发展,书本知识未得到及时和有效的更新,导致书本知识与客观事实之间存在一定程度的滞后性。一味地认为书本知识都是正确的或严格按照书本知识指导实践,将严重束缚、禁锢创造性思维的发挥。

破除书本型思维定式,需要在思维过程中认识到现有知识不是绝对真理,认识到任何一般原理都必须与具体实践相结合,认识到对任何问题都应该了解相关的各种观点,以便通过比较进行鉴别。

(三)经验型思维定式

经验是人类在实践中获得的主观体验和感受,是通过感官对个别事物的表面现象、外部联系的认识。经验属于感性认识,是理性认识的基础,在人类的认识与实践中发挥着重要作用,是人类宝贵的精神财富。但经验并未充分反映出事物发展的本质和规律。在思维过程中,人们经常习惯性地根据已有经验去思考问题,制约了创造性思维的发挥。经验型思维定式是指人们处理问题时按照以往的经验去办的一种思维习惯。实际上是照搬经验,忽略了经验的相对性和片面性。

经验型思维有助于人们在处理常规事物时少走弯路,提高办事效率,但在创造性思维运用过程中阻碍了创新。要采用一些措施破除经验型思维定式,要把经验与经验型思维定式区分开来,提高思维灵活变通的能力。

📖 拓展阅读 ✦

被经验淹死的驴

一头驴背盐渡河,在河边滑了一跤,跌在水里,导致盐溶化了。驴站起来时,感到身体轻松了许多。驴非常高兴,获得了经验。后来有一回,它背了棉花,以为再跌倒可以和上次一样,于是走到河边的时候,便故意跌倒在水中。可是棉花吸收了水,变得越来越重,驴非但不能再站起来,而且一直向下沉,直到淹死。

这头驴为何死于非命? 很重要的一个原因是机械地套用了经验,受了经验型思维定式的影响,未能对经验进行改造和创新。

——程显龙:《经验也需慎从》,载《辽宁教育》,2017 年第 12 期

(四)权威型思维定式

在思维领域,不少人习惯引证权威的观点,甚至以权威作为判定事物是非的唯一标准,一旦发现与权威相违背的观点,就唯权威马首是瞻。这种思维习惯或程序就是权威型思维定式。权威型思维定式是思维惰性的表现,是对权威的迷信、盲目崇拜与夸大,属于权威的泛化。权威型思维定式的形成主要来源于两个方面:一方面是由于不当的教育方式造成的。在婴儿、青少年教育时期,家长和老师把固化的知识、泛化的权威观念采用灌输式教育方式传授下来,缺少对教育对象的有效启发,使教育对象形成了盲目接受知识、盲目崇拜权威的习惯。另一方面,在社会中广泛存在个人崇拜现象。一些人采用各种手段建立或强化自己的权威,不断加强权威定式。

二、突破思维障碍的方法

(一)改变思考顺序

一般情况下,人们习惯的思考方向都是正向的。顺应事物发展的方向在很多时候确实可以顺利解决问题,但客观事物的发展是千变万化的,凡事都顺着想未必能真实地反映事物的客观规律,有时一直执着于正向思考,反而找不到有效的解决办法。在这种情况下,可以尝试从相反的方向入手,巧妙

> 我们的观念决定我们所看到的世界。
> ——爱因斯坦

地解决问题。

改变思考顺序的实质,就是借助逆向思维打破以往的思维局限。逆向思考是一种辩证思维,有时候会把事物的不利方面向有利的对立面转化,出奇制胜地解决问题。

(二)改变思考角度

看待问题的角度不同,处理问题的方式就会不同,所带来的结果也会不一样。在解决问题时,只有思路开阔,多角度、全方位地思考,才能提出更多解决问题的可能性,在众多设想方案中找出最优方案。发散思维和收敛思维都可以算多角度解决问题的思维方式,在具体解决问题时,可以综合运用发散思维和收敛思维。

(三)改变思维方式

事物呈现给人们的是一幅普遍联系的景象,万事万物都处在联系与转化的动态过程中。因此,在解决很多问题时,如果能改变思维方式,巧妙转化,会得到许多意想不到的结果。在解决比较困难的问题时,可以将直接问题转化为间接问题,迂回式前进;在解决比较复杂的问题时,可以将复杂转化为简单,渐进式前进;在遇到未曾接触过的问题时,可以将陌生转化为熟悉,轻松解决;即使遇到了看上去不可能解决的问题,也可以将不可能转化为可能。

📖 拓展阅读

"两面神"思维

50多年前,美国精神病学家 A.卢森堡在详细研究和分析了科学巨星爱因斯坦创建相对论的科学发现过程后,认为爱因斯坦的创造力是"两面神"思维的一个典型例子。"两面神"是古罗马的门神,有两副面孔,能同时兼顾两个相反的视向。所谓"两面神"思维,是指同时积极地构想出两个(或更多)并存的、同样起作用的(或同样正确的)相反的(或对立的)概念、思想或印象。他认为,爱因斯坦的思维走向广义相对论的最关键的一步,就是以对立面同时存在的形式直接给出表述。"两面神"思维实质上是一种从对立中把握新的更高级的统一辩证思维方法,这种善于从差异中见到统一,或从相反的两极来构想统一的积极思维,是一种高级的创造性思维。像"逆向思维""相反相成""以毒攻毒""欲擒故纵""明修栈道,暗度陈仓""空城计""以己之矛,攻己之盾""非欧几何学"、法拉第的电磁转换理论、从"生发灵"想到"脱发灵"而发明的绵羊脱毛注射液、"司马光砸缸救友"等,都是"两面神"思维的具体表现形式。

3.3 想象思维和联想思维

📖 拓展阅读 ✿

站报纸游戏

1. 想出一个办法,把一张报纸铺在地上,让两个人面对面地站在上面,却碰不到对方。

2. 不允许把报纸剪开或撕开,也不允许把两人捆绑起来或不许他们动。

一、想象思维

想象思维是人体大脑通过形象化的概括作用,对脑内已有的记忆表象进行加工、改造或重组的思维活动。想象思维可以说是形象思维的具体化,是人脑借助表象进行加工操作的最主要形式,是人类进行创新及其活动的重要的思维形式。它通过对头脑中的形象、记忆经过艺术加工,引发人们展开联想后而得出新的形象的心理过程。

想象思维是个体对已有表象进行加工,产生新形象的过程。想象以记忆表象为基础,但它不是记忆表象的简单再现。想象是以组织起来的形象系统对客观现实的超前反映。工程师根据自己在建筑方面的知识经验,设计出建筑物的形象。在想象中,这些记忆表象的画面就像过电影一样在脑中涌现,经过黏合、夸张、人格化、典型化等加工,当形成新的有价值的表象时,新想法、新技术、新产品就出现了。

> 世界每时每刻都在发生变化,中国也每时每刻都在发生变化,我们必须在理论上跟上时代,不断认识规律,不断推进理论创新、实践创新、制度创新、文化创新以及其他各方面创新。
>
> ——2017 年 10 月 18 日,习近平在中国共产党第十九次全国代表大会上的报告

(一)想象思维的特点

1. 形象性

想象是通过对已有表象的加工而创造新形象的过程,它加工的对象是形象信息,而不是语言或符号。有了想象,我们看小说时就可以见到人物的形象;看图纸时就有了立体的物体;看设备说明时就见到了设备的外形和结构。想象思维的形象性使它不同于逻辑思维,想象思维的过程和结果丰富多彩、生动形象、直观亲切。

2. 概括性

想象思维是以形象的形式进行的,因而具有概括性。例如,把地球想象成鸡蛋,那么

蛋壳是地壳,蛋白是地幔,蛋黄是地核,就非常具有概括性;科学家把原子结构想象成太阳系,太阳是原子核,核外电子是行星,围绕着原子核高速旋转。

3. 超越性

想象是以组织起来的形象系统对客观现实的超越反映,创造出新的事物、看法和技术。

(二)想象思维的训练方法

1. 无意想象训练

第一步,精神放松。端坐在椅子上,眼微闭,全身放松。先把精神集中于脚趾,再把精神集中于脚腕,心中意念放松。然后依次放松腰部和腿部,到胸到肩,到颈到头。

第二步,注意力集中。彻底放松之后,将精神集中到"丹田"附近,缓慢地进行腹式呼吸。大约十次以后,把注意力集中到下腹,自己完全放松,仿佛置身于白云之上,想象天空的浩渺,感到飘飘然了,此时就进入了无意识想象状态。

2. 有意想象训练

有意想象是指事先有预定目的,自觉地进行的想象。有意想象中,根据观察内容的新颖性、独立性和创造程度,又可分为再造想象、创造型想象、幻想型想象。

(1)再造想象训练

再造想象训练是根据外部信息的启发,对自己记忆中的表象进行检索的思维活动。例如,由于大气污染,南极上空的臭氧已经形成空洞并逐渐增大,地球上的生命将受到紫外线的伤害,对此,你能想象出什么情景?

(2)创造型想象的训练

创造型想象的核心是必须有新的形象产生,几乎所有的创造活动都离不开创造型想象,所以,创造型想象的训练是十分重要的。比如,想象一下可能存在的"外星人"的外表和动作特征。

(3)幻想型想象训练

幻想型想象可以看作创造型想象的一种极端形式,其特点是幻想的结果远远超出了当时的现实可能,甚至是很荒谬的。但是其中的创造性成分是宝贵的,所以说,没有幻想就没有创造。

拓展阅读

牛顿的人造卫星设想

300多年前,牛顿就曾设想,从高山上用不同的水平速度抛出物体,速度一次比一次快,则落点一次比一次远,如不计空气的阻力,当速度足够大时,物体就永远不会落到地面。牛顿的这个设想就是"第一颗"人造卫星,后来人类把它变成了现实。

——罗玲玲、武青艳、代岩岩:《创新思维与方法训练》,机械工业出版社,2019年版

二、联想思维

联想思维,是指在人脑内记忆表象系统中由于某种诱因使不同表象发生联系的一种思维活动。联想思维和想象思维可以说是一对孪生姐妹,在人的思维活动中都起着基础性的作用。在创新过程中运用概念的语义、属性的衍生、意义的相似性来激发创新思维的方法,这是打开沉睡在头脑深处记忆的最简便和最适宜的钥匙。

(一)联想思维的特征

1. 连续性

联想思维的主要特征是由此及彼,连绵不断地进行,可以是直接的,也可以是迂回曲折的,形成闪电般的联想链,而链的首尾两端往往是风马牛不相及的。

2. 形象性

由于联想思维是形象思维的具体化,其基本的思维操作单元是表象,是一幅幅画面,所以,联想思维和想象思维一样显得十分生动,具有鲜明的形象性。

3. 概括性

联想思维可以很快把联想到的思维结果呈现在联想者的眼前,而不顾及其细节,是一种整体把握的思维操作活动,因此可以说有很强的概括性。

📖 拓展阅读

纸巾与新型清洁工具

宝洁公司的一个设计团队正在试图解决一个关于新型清洁工具的问题。有一天,团队中的成员恰好观察到一个老太太在清洁地板上的咖啡污渍。只见她手拿扫把先仔细地清扫地板,并把垃圾扫到簸箕里,在清扫完地板之后,她弄湿了一块纸巾,并用它擦拭洒在地毯上的咖啡污渍。尽管这个设计团队的每个人以前都做过无数次同样的事情,但这块脏纸巾却给他们带来了意想不到的创意。他们想到利用一根细长的塑料杆连着一个矩形的尼龙搭扣,尼龙搭扣用来固定一次性的静电纸巾,同时设计了喷水的功能。这样,人们可以先用温和型的洗涤液把地板弄湿,再进行清洁。

——孙洪义:《创新创业基础》,机械工业出版社,2017年版

(二)联想思维的训练方法

1. 提高联想的速度

给定两个词或两个事物,然后通过联想在最短的时间内由一个词或者事物想到另一个词或者事物。

例如,天空、鱼。那么其间的联想途径可以是:天空(对比联想)—地面(接近联想)—湖、海(接近联想)—鱼。

2. 提高联想的数量

给定一个词或者事物,然后由这个词或物联想到其他更多的词或者事物。在规定的时间内,想得越多越好。

3.4 发散思维和收敛思维

热身活动

巧 排 队 列

24个人排成6列,要求每5个人为一列,请问该怎么排列好呢?

发散思维是对同一问题从不同层次、不同角度、不同方向进行探索,从而提供新结构、新点子、新思路或新发现的思维过程。收敛思维是尽可能利用已有的知识和经验,将各种信息重新进行组织、整合,从不同的角度和层面把众多的信息和解题的可能性逐步引导到条理化的逻辑序列中,寻求相同目标和结果的思维方法。

一、发散思维

发散思维是由美国心理学家 J. P. 吉尔福特在《人类智力的本质》中作为与创造性有密切关系的思考方法提出的。发散思维又称辐射思维、放射思维、扩散思维或求异思维,是指大脑在思维时呈现出一种扩散状态的思维模式。不少心理学家认为,发散思维是创造性思维的最主要特点,是测定创造力的主要标志之一。

图 3-1 发散思维模型

如图 3-1 所示,发散思维表现为思维视野广阔,呈现出多维散发状。

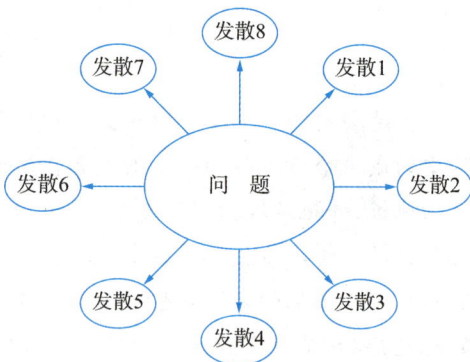

(一) 发散思维的特征

1. 流畅性

流畅性是思想的自由发挥,指在尽可能短的时间内生成并表达出尽可能多的思维观念以及较快地适应、消化新的思想观念的特性,是发散思维量的指标。例如,在思考"取暖"有哪些方法时,可以从取暖方法的各个方向发散,有晒太阳、烤火、开空调、电暖气、电热毯、剧烈运动、多穿衣、拥抱等。

不同的人其思维的流畅性和敏捷性是有区别的。例如,人们面对同样一个问题,有的人想不出解决的办法,有的人能做出十几种乃至几百种判断并迅速想出相应的处理方法。有人曾问爱因斯坦,你与普通人的区别在哪里?爱因斯坦说,如果让一位普通人在一个干草垛里寻找一根针,那个人在找到一根针之后会停下来,而我会把整个草垛掀开,把可能散落在草里的针全都找出来。爱因斯坦在科学领域之所以能够取得那么大的成就,就是因为他在科学研究的过程中不会找到一个方法后就停下来,而是不断地想出更多的办法,找到解决问题的方案,这充分体现了发散思维的流畅性。

思维的流畅性是可以训练的,并有着较大的发展潜力。例如,美国曾在大学生中进行了"暴风骤雨"联想法的训练,其实质就是训练学生的思维以极快的速度对事物做出反应,以激发新颖独特的构思。

2. 变通性

发散思维能从思维的某一方向跳到其他许多方向,使方向越来越多,有更多的方向方面可供选择和考虑,从而形成立体思维并编织成思维之网。变通性使发散思维沿着不同的方向和方面扩散,从流畅性的单方向的量的扩张发展到多方向的量的扩张,表现出极其丰富的多样性和多方面性。

变通的过程就是克服人们头脑中某种自己设置的僵化的思维框架和陈旧观念,按照某一新的方向来思索问题的过程。比如在日常思维中,人们认为鸡蛋不可能立在桌面上(鸡蛋不可打破)。所以,当美洲大陆的发现者哥伦布在一次宴会上宣布他可以把鸡蛋立在桌面时,人们都不相信。其实,哥伦布的做法很简单,他把鸡蛋按在桌上,蛋壳破了,却立住了。简单的事实却说明了一个理论问题,即人们头脑中已设立的障碍使思维受到限制而不能开动起来。所以,思维的变通过程就是变革头脑中某些僵化了的思维模式,从新的角度、方面去思维。变通性能为我们的理论和实践开辟新的道路。

3. 独特性

发散思维能形成自己与众不同的独特见解。这是发散思维最高层次的特点,这种思维能力使人们突破常规和经验的束缚,并对事物做出新奇的反应,促使人们获得创造性的成果。运用发散思维,人们想得快、想得多、想得新、想得奇,这是许多科学家的共同特点。爱因斯坦说过:"想象力比知识更重要,因为知识是有限的,而想象力概括着世界的一切,推动着进

> 科学革命时期发散思维占优势,常规科学时期收敛思维占优势,一个好的探索者要在发散思维和收敛思维之间保持必要的张力。
>
> ——托马斯·库恩

步,并且是知识进化的源泉。"爱因斯坦的"狭义相对论"就是从他幼时幻想人跟着光线跑,并能努力赶上它开始的。世界上第一架飞机,就是从人们幻想造出飞鸟的翅膀开始的。有了异于他人的想象力,才能突破常规,打破思维瓶颈,更好地发明创造,认识和改造世界。

独特性是发散思维的最高目标,是在流畅性和变通性基础上形成的发散思维的高级层次。没有发散思维的流畅性和变通性,就没有它的独特性。实际上,要达到思维的流畅

和变通,需要广博的知识和多方面的生活经验。知识和经验为发散思维的独特性创立了条件。实践也证明,凡在历史上做出独特贡献的人,他们都具有思维的流畅性和变通性的特点。试想,遇事不能变通,不能从多方面考察,人的思维就会偏狭、固执,何谈独特性;没有独特性,平平无奇思维下的行为,也不会有大作为。由流畅性到变通性再到独特性,思维活动就进入了创新的高级阶段。思维的流畅性、变通性、独特性是发散思维具有的特点,是事业有成者必须具备的素质。

(二)发散思维的训练方法

发散思维作为一种创造性思维,要求人们分析问题的思维模式是跳出方框去思考,在解决问题的过程中不断问自己"如果这样尝试会有何发现",在探索多种可能性的思维过程中提出有创意的观点。发散思维并非要求采取显而易见的步骤,不经思考地走直线,而是分析问题的各个方面以创造不同结果。发散思维鼓励人们寻找和考虑新颖而独特的方法、机会观念和解决方式。

在思考的过程中,首先要确定一个发散点,即先要有一个辐射源。可以材料、功能、结构、形态、组合、方法、因果、关系八个方面为"发散点",从一个辐射源出发向四面八方扩散,进行具有集中性的多端、灵活、新颖的发散训练,以培养创造性思维的能力。

1. 材料发散
以某个物品为"材料",以其为发散点,设想它的多种用途。

2. 功能发散
以某物的功能为发散点,设想出获得该功能的各种可能性。

3. 结构发散
以某种事物的结构为发散点,设想出利用该结构的各种可能性。

4. 形态发散
以事物的形态(如形状、颜色、音响、味道、明暗等)为发散点,设想出利用某种形态的各种可能性。

5. 组合发散
从某一事物出发,以此为发散点,尽可能多地设想与另一事物(或一些事情)联结成具有新价值(或附加值)的新事物的各种可能性。

6. 方法发散
以解决问题或制造物品的某种方法为发散点,设想利用该方法的各种可能性。

7. 因果发散
以某个事物发展的结果为发散点,推测造成该结果的各种原因;或以某个事物发展的起因为发散点,推测可能产生的各种结果。

8. 关系发散
从某一事物出发,以此为发散点,尽可能多地与其他事物联系。

二、收敛思维

收敛思维是将各种信息从不同的角度和层面聚集在一起，进行信息的组织和整合，实现从开放的自由状态向封闭的点进行思考，以产生新的想法，形成一个合理的方案的思维，如图3-2所示。

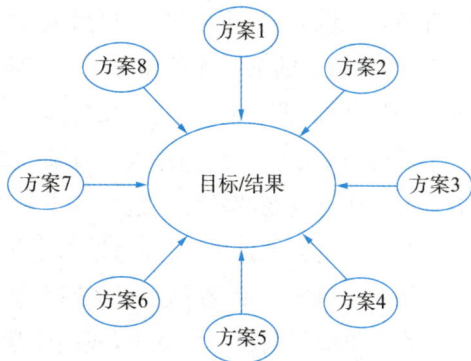

图3-2 收敛思维模型

（一）收敛思维的特征

收敛思维具有唯一性、逻辑性和比较性三大特点。

1. 唯一性

尽管解决问题有多种多样的方法和方案，但最终要根据需要，从各种不同的方案和方法中选取解决问题的最佳方法或方案。收敛思维所选取的方案是唯一的，不允许含糊其词、模棱两可，一旦选择不当，就可能造成难以弥补的损失。

2. 逻辑性

收敛思维强调严密的逻辑性，需要冷静的科学分析。它不仅要进行定性分析，还要进行定量分析，要善于对已有信息进行加工，由表及里、去伪存真，仔细分析各种方案可能产生什么样的后果以及应采取的对策。

3. 比较性

在收敛思维的过程中，只有对现有的各种方案进行比较才能确定优劣。比较时既要考虑单项因素，又要考虑总体效果。

（二）收敛思维的训练方法

在收敛思维的过程中，要想准确地发现最佳的方法或方案，必须综合考察各种发散思维成果，并对其进行归纳综合、分析比较。收敛式综合并不是简单的排列组合，而是具有创新性的整合，即以目标为核心，对原有的知识从内容到结构上进行有目的的评价、选择和重组。

发散思维所产生的众多设想或方案，一般来说多数都是不成熟或者不切实际的。因此必须借助收敛思维对发散思维的结果进行筛选。这需要按照实用可行的标准，对众多设想或方案进行评判，得出最终合理可行的方案或结果。收敛思维的具体形式包括目标识别法、问题聚焦法、辏合显同法和逻辑引导法。

1. 目标识别法

心中树立某种目标，从而产生某种欲望和冲动进行探索，这是日常生活中普遍存在的现象。只有树立明确的目标，才会始终围绕目标进行与目标相关联的研究活动。目标识别法就是要确定搜寻目标，进行认真的观察，做出判断，找出其中的关键，围绕目标定向思维,目标的确定越具体越有效。

目标识别法要求我们在思考问题时要善于观察,发现事实和提出想法,并从中找出关键现象,对其加以关注和深入思考。法国心理学家爱德华·德·波诺认为,这个方法就是要求"搜寻思维的某些现象和模式",其要点是确定搜寻目标,进行观察并做出判断。通过不断的训练,促进思维识别能力的提高。

目标识别法要求我们深入了解某一事物的特征,并根据这一特征进行一步步地判断,直至最终接近问题的核心。这种方法在我们的生活、工作中有着广泛的应用。例如,便衣警察在公共场合抓扒手,也是通过扒手的典型举止和贪婪、诡秘的眼神来判定和跟踪。警察了解这些特殊表现,在执行任务时就会有意识地按一定的模式去搜索目标。

为了争取将问题一次解决,我们要学会刨根问底,探讨问题的本质。很多问题的实质都是隐藏在肤浅的表象后面的,因此要想成功,一定要抓住问题的实质。然后对症下药,问题自然而然能轻松解决。

2. 问题聚焦法

所有问题和需求的发生都有其根源,这就是本质。问题和需求的表面现象总是与开发者的思路切入点相关,如果切入点是狭隘的,那么围绕问题和需求的分析往往局限于自身的思路范围,也就很难发觉问题和需求产生的原因。所以,无论解决何种问题,都要找到这个问题的症结,然后再分析解决它,这也是收敛思维法运用的主旨之一。

运用收敛思维的过程,就是将研究对象的范围一步步缩小,最终揭示问题核心的过程。所以,找到问题的实质是彻底解决问题的关键,也是运用收敛思维应把握的原则之一——透过现象看本质。为了提高思维品质,以问题研究为核心,从一个较小的点切入,长期潜心于自己所学专业、所研究的问题或在工作生活中有待解决的问题,几十年如一日,不断积累材料并进行思考。

在研究过程中,问题不会因为长期的研究而枯竭,只会越来越丰富,这有利于个人能力的培养,也有利于思维的收敛。问题聚焦法就是直接确定要解决的问题,有意识、有目的地将线索浓缩和聚拢起来。聚焦法形成思维的纵向深度和强大穿透力,犹如用放大镜把太阳光持续地聚焦在某一点上,就可以产生高热,并最终点燃解决问题的火炬。

3. 辏合显同法

辏合显同法就是通过多方研究,把所有感知到的对象依据一定的标准"聚合"起来,显示它们的共性和本质的方法。其关键在于比较,即通过个别事物与个别事物的比较来得出结论,可以是同种对象因个别的要素、环节、条件等的变化而引起的差异性的比较,也可以从不同角度、不同知识域,用不同手段、不同方法进行比较。比较可以是纵向的,即一个具有多种属性的事物与另一个具有多种属性的事物之间的对比;也可以是横向的,即对两个事物的属性分别进行对比。纵比法将同一事物在不同时间内的不同情况进行对照,揭示对象之间的纵向差异,从而证明论点;横比法将发生在同一时间内不同的事物进行横向对比,揭示对象之间的横向差异,说清道理、证明论点。

拓展阅读

徐光启写《除蝗疏》

我国明朝时候，江苏北部曾经出现了可怕的蝗虫，飞蝗一到，整片整片的庄稼被吃掉，人们颗粒无收……徐光启看到人民的疾苦，想到国家的危亡，毅然决定去研究治蝗之策。他搜集了自战国以来两千多年有关蝗灾情况的资料。在这浩如烟海的材料中，他注意到蝗灾发生的时间：103 次蝗灾中，发生在农历四月的 19 次，五月的 12 次，六月的 31 次，七月的 20 次，八月的 12 次，其他月份总共只有 9 次，从而他确定了蝗灾发生的时间大多在夏季炎热时期，以六月最多。另外，他从史料中发现，蝗灾大多发生在"幽涿以南、长淮以北、青兖以西、梁宋以东诸郡之地（相当于现在的河北南部，山东西部，河南东部，安徽、江苏两省北部）"。为什么多集中于这些地区呢？经过研究，他发现蝗灾与这些地区湖沼分布较多有关。他把自己的研究成果向百姓宣传，并且向皇帝呈递了《除蝗疏》。徐光启在写《除蝗疏》的整个思维过程中，运用的思考方法就是"辏合显同法"。

——马希良、李玉花：《徐光启〈除蝗疏〉创作的现代心理分析》，载《大众心理学》，2015 年第 10 期

4. 逻辑引导法

逻辑思维方法是人类进行思考一般应遵循的思维原则，从抽象到具体概念，按逻辑把问题展开，才能将所研究的问题分析透彻。对于一些由形象思维或者直觉思维形成顿悟的成果而言，创造性目标的最终实现更是离不开逻辑思维的指引、调节与控制作用。

三、发散思维和收敛思维的结合

发散思维与收敛思维具有互补的性质，主要体现在以下两个方面。

（一）解题过程时间分开

发散性思维提出备选的方案，要识别哪些是好的，还需要收敛思维的介入。发散思维与收敛思维必须在时间上分开，也就是分阶段。如果混在一起，会大大降低思维的效率。分开是必要的，但分开是为了更好地结合。

运用延迟判断的技巧是将发散思维与收敛思维分开的关键。首先，延迟判断起到了保护想象力的作用，使提出设想的阶段不会过早地受到判断的干扰。如果一开始就进行判断，新的想法还未成形，或过于粗糙，就会失去继续发展完善的机会。其次，延迟判断还有利于主体产生酝酿效应。酝酿对解决棘手的问题相当重要。如果在酝酿阶段总是不断地有判断参与，就无法进入无意识状态，酝酿就会趋于失败。

（二）解题质量相互弥补

1. 解题过程的互补

发散思维与收敛思维在思维方向上的互补以及在思维过程上的互补，都是创造性解决问题所必需的。发散思维向四面八方发散，收敛思维向一个方向聚集。在解决问题的早期，发散思维起到更主要的作用；在后期，收敛思维扮演着更重要的角色。创新性解决问题的每一个阶段，都需要发散思维与收敛思维一张一弛、相辅相成。

2. 擅长发散思维的人与擅长收敛思维的人互补

有的人善于使用发散思维，有的人善于使用收敛思维，为了达到一种平衡，在组建小团队时，最好将具有不同思维特点的人组合在一起，彼此互补。

一般来说，发散思维中想象力可以自由驰骋，而收敛思维则能促使想象回到现实。没有发散思维，设想很难新颖、独特；没有收敛思维，任何独特的设想也难以具有现实性的品格。

3.5　组合思维和移植思维

热身活动

将简单的几何图形组合之后，可以得到一些有趣的画面。请尝试用三角形、圆形、直线等进行构图，并写出一两句解说词。

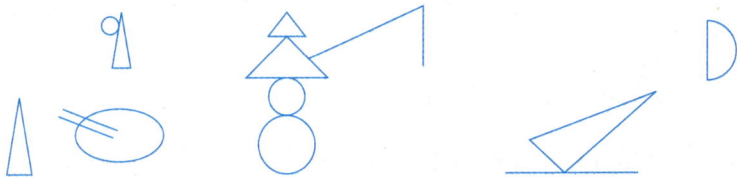

1. 白日依山尽
　　黄河入海流
2. 独钓寒江雪
3. 野渡无人舟自横

图 3-3　三种简单的图形组合训练

一、组合思维

（一）组合思维的特征

组合思维又称"联结思维"或"合向思维"，是指把多项貌似不相关的事物通过想象加以联结，从而使之变成彼此不可分割的新的整体的一种思考方式。组合思维具有发散性、选择性和综合性。

1. 发散性

组合思维具有发散性。在组合创新的思维过程中，通常需要使用发散性思维以探求新的多样性的结论,因此需要具有广阔的思维空间,可以采用正向、逆向、纵向和横向的思维方式。

2. 选择性

选择性是指在组合创新的过程中,并不是将两个事物原封不动地、不加选择地糅合在一起,而是选择二者具有独特价值的部分,通过其内在联系将他们有机地组合起来。若有多种组合方式,往往需要进行比较选择。

3. 综合性

综合性表现为组合创新重在如何"合",因此就要对组合对象进行深入分析,把握他们的个性特点,再从这些特点中概括出规律进行综合,最后形成设计方案,进行"组合"。如果没有综合阶段,所谓的"组合"往往是很难成功的。

(二) 组合思维的训练方法

组合思维创新技法包括主体附加法、异类组合法、同类组合法、分解组合法和创造性组合法等类型。

1. 主体附加法

主体附加法指在原有技术思想或物质产品(为主体)中增添新的内容与附件,补充和完善主体的作用,使新的物品性能更好、功能更强。运用主体附加法不仅能搞出"小发明",也可以实现技术上较复杂的"大发明"。许多重要的优质合金材料,就是在"添加实验"中显露优势的。主体附加法的特点:一是不改变主体的任何结构,只是在主体上连接某种附加要素,如在奶瓶上附加刻度计,在铅笔上附加橡皮头等;二是要对主体的内部结构做适当改变,以使主体与附加物能协调运作,实现整体功能,如为了减小照相机的体积,将闪光灯移置照相机腔体内,发明了内置闪光灯的照相机。

2. 异类组合法

异类组合指在两个以上科学领域中的技术思想或物质产品的组合。由于组合元素来自不同领域,组合的对象能从意义、原理、构造、成分、功能等任何一个方面或多个方面进行互相渗透,使整体发生深刻变化,产生新的思想或新的产品。实际上这是一种异类求同的组合,组合结果带有不同的技术特点和技术风格,如日历式笔架、闹钟式收音机等。

3. 同类组合法

同类组合是指两种以上相同或相近事物的组合。在同类组合中,参与组合的对象性质和结构没有发生变化,在保持事物原有功能或意义的前提下,通过数量变化来弥补功能的不足或得到新的功能(对称性或一致性),如组合插座、组合刀具、组合文具盒、子母灯,等等。

4. 分解组合法

分解组合又称为重组组合,指在事物的不同层次上分解原来的组合,然后再以新的思想重新组合起来。重新组合的特点是改变了事物各组成部分之间的相互关系,因为它是在同一事物上施行的,所以一般不增加新的内容。例如,流行的儿童玩具"变形金刚"、分

5. 创造性组合法

创造性组合就是把原有旧元素、各成分重新配置,进行再创造,使之形成具有独特结构和特定内容的完整的新形象的创意过程。

二、移植思维

移植是将已成熟的各种理论、技术和方法等以模型化、公式化或形式化等的形式在事物、学科和领域之间全部或部分地转移,以求解决新的问题;或者说是借助已有的成果对新目标进行再创造,使已有的成果在新的条件下得到进一步的应用和发展。人们的任何行为都是受其观念支配的,因此,也可以说,引导人们进行移植实践的是思维的移植观念。一般情况下,移植的具体活动是通过联想等来牵线搭桥的,没有联想、类比方法等的中介和寻觅性的关联活动,就难有移植行为良好的结果。所以,移植既是一种观念,也是一种能力,而且这种能力是一种组合性的能力。

📖 拓展阅读

袁隆平培育籼型杂交水稻

籼型杂交水稻是现代培育的新型籼稻杂交水稻,被外国人誉为"东方魔稻"。1964年,袁隆平在中国首先开始了水稻杂交优势利用的研究。1973年,世界上第一株籼型杂交水稻终于在我国培育成功。

中国是一个人口众多的国家,粮食问题关系到国计民生。早在大学时,袁隆平就有一个梦想:培育一种高产优质的水稻产品。袁隆平从人类不能近亲结婚的规则中得到启示:如果能培育出杂交水稻的种子,那么它的第一代将以最大的优势找到水稻雄性不育的植株。因为水稻是雌雄同株的自花授粉植物,在同一朵花上并存着雌蕊和雄蕊。只有找到雄性不育的水稻植株,才能实现异花授粉,从而培育出杂交水稻。每年的水稻杨花季节,袁隆平都在几百万株水稻中细心寻找,这如大海捞针一般艰难。功夫不负有心人,他终于找到了雄性不育的水稻植株。他用别的稻花与它杂交,成功地繁殖了一代雄性不育水稻。1973年,试种的水稻亩产达500千克,而晚稻亩产达600千克,大幅度提高了水稻产量。袁隆平被人们誉为"杂交水稻之父"。

那么杂交水稻的研制中用了什么创新方法呢?袁隆平使用的就是移植法,即把别的领域的原理和方法移植到自己的领域的方法。

——罗玲玲、武青艳、代岩岩:《创新思维与方法训练》,机械工业出版社,2019年版

移植思维的训练方法主要包括以下几种。

(一)观念移植

观念是可以改变的,也是可以移植的。所谓破除旧的传统观念,就是移入新的观念以

替代旧的观念。

（二）原理移植

无论是理论还是技术，尽管领域不同，但常可发现一些共同的基本原理。可根据不同的目的、要求做相应的移植创造。如人们研究发现，蝙蝠在漆黑的夜间快速飞行不会碰撞上障碍物，是因为蝙蝠利用自己发出的回声定位。人们将蝙蝠回声定位原理移植到医学，发明了超声波检查疾病装置；将蝙蝠回声定位原理移植到轮船上，用超声波发现鱼群、探测海面下有无暗礁等障碍物。这一原理在其他领域的应用，有红外线探测、遥感、诊断治疗、夜视测距，在军事上有红外线自动导引的"响尾蛇"导弹，装有红外瞄准器的枪械、火炮和坦克，红外扫描及红外伪装等。

（三）方法移植

方法移植在科技创新中发挥着重要作用。将工作方法、思想方法、加工工艺、农业耕作方法等移植到新的领域，可发挥出优异作用，创造出更多的新成果。如17世纪的笛卡尔是科学方法移植的先驱，他以高度的想象力，借助曲线上"点的运动"想象，把代数方法移植于几何领域，使代数、几何融为一体而创立解析几何。美国"阿波罗号"所使用的"月球轨道指令舱"与"登月舱"分离方法，实际上就移植于巨轮不能泊岸时用的驳船靠岸的办法。另外，观察法、归纳法、直觉法等都可移植到技术创新中去。

> 一个想法是旧成分的新组合，没有新的成分，就只有新的组合。
>
> ——戈登·德莱顿

（四）结构移植

所谓结构，主要是指物体的形状和构造。结构移植法在机械设计、建筑工程和国防工业中都有广泛的应用。例如，机床生产中的龙门铣床机架是从龙门刨床机架移植过来的。龙门式机架能提供宽阔的工件加工范围；工具架能在龙门上部左右移动，同时也可使刀具相对工作台做垂直上下移动；需要进行刨削铣削加工的大型工件，可分别采用龙门刨床和龙门铣床。

（五）回采移植

许多被弃置不用的"陈旧"事物，用现代技术（主要为材料、信息控制等方面）加以改造，赋予新的东西，往往会产生新的创造。例如，现代帆船采用计算机设计，具有最佳采风性能和推进性能；制作材料已从尼龙发展到铝合金；帆的控制也是自动化的，并非过去的"扁舟孤帆"，而是"万吨巨轮"；有些帆船速度可与快艇媲美，加上节能、安全、无噪音、无污染等独特优点而深受欢迎。

（六）功能移植

功能移植指把诸如激光技术、超声波技术、超导技术、光纤技术、生物工程技术，以及其他信息、控制、材料、动力等一系列通用技术所具有的技术功能，以某种恰当的形式应用于其他领域。例如，电子计算机的应用使机械加工程序化、自动化；若将遗传工程移植至机械工程则将形成更大的变革——出现生物机构。

此外，还有技术手段、技术功能、性能、用途、材料等移植法。不管哪种移植法，都各有特点和规律。根据欲解决的问题，只要从实际出发，掌握特点，遵循规律，选择适宜的方法，灵活运用，就能获得创新成果。

以上介绍的只是百种创新思维的冰山一角，诸如灵感思维、直觉思维、系统思维、归纳思维、演绎思维等都是较为经典的思维方式，同学们可在日常生活学习中自主学习并勤加训练，最大限度地开发自己的潜能，激发创造能力。

实操训练 1

想象思维训练

1. 开发大西北需要改造沙漠，为了使沙漠绿化，你有什么新的设想？

_____

_____

2. 居家防盗是一个人人关注的问题，除了安装防盗门，你还能想出哪些高招？

_____

_____

3. 海洋占据地球 70% 的地表面积，在人类居住越来越拥挤的情况下，你对开发海洋有何新想法？

_____

_____

4. 你能想象出哪些热带风光？

_____

_____

实操训练 2

发散思维训练："鞋子"的创新创意

目的：训练发散思维，运用朝各个方向进行立体式的发散思考方法。

时长：学生思考和讨论 10 分钟，分享 5 分钟，教师点评 2 分钟。

程序：鞋子，是我们生活中非常熟悉并与我们息息相关的生活物品。鬼冢八郎曾经在鱿鱼吸盘的启发下发明了凹底的篮球鞋，也请同学们围绕"鞋子"的话题分组讨论，运用发散思维训练方法,提出尽可能多的有关"鞋子"的设想和创意。

表3-1　有关"鞋子"的创意

有关"鞋子"的发散点	第_____小组的设想和创意汇总
材料发散	
功能发散	
结构发散	
形态发散	
组合发散	
方法发散	
因果发散	
关系发散	

实操训练3

收敛思维训练:为雨天骑车人设计一把伞(一款雨衣)

目的:训练收敛思维,培养找到最佳方案的收敛思考方法。

时长:学生思考和讨论10分钟,分享5分钟,教师点评2分钟。

内容:下雨天骑车是一件麻烦事。骑车披雨衣,风雨较大时视线受阻;横风受力较大,车辆不稳;雨衣容易被其他车挂带,一旦卷进车轮,生命不保。于是骑车人有的选择撑伞,但警方提醒,平时出行要注意交通安全,特别是下雨天驾驶摩托车、电动车时,不要撑伞。请针对以上情况,以宿舍为单位展开小组讨论,运用收敛思维训练方法,为雨天骑车人设计一把伞(一款雨衣)。

表3-2　雨伞(雨衣)创意设计

勾选本组所运用的收敛方法	○ 目标识别法　　○ 问题聚焦法　　○ 辏合显同法　　○ 逻辑引导法
本组形成的最佳方案	

总结:对收敛思维的培养与训练需有一定的方法和技巧。我们作为收敛思维的主体应努力构建收敛思维必备的品质,如问题意识、批判精神和科学理性,同时优化知识结构、熟练掌握逻辑思维方法等,才能真正提炼出最佳方案。

复习思考题

一、名词解释

1. 思维定式
2. 想象思维
3. 联想思维
4. 发散思维
5. 收敛思维
6. 组合思维
7. 移植思维

二、单选题

1. 鲁班发明锯借助了丝茅草的启示,运用了创新思维的 （　　）
   A. 想象思维
   B. 发散思维
   C. 组合思维
   D. 移植思维

2. 创新思维的作用有 （　　）
   A. 可以不断地提高人类的认识能力
   B. 可以不断地增加人类知识量
   C. 可以不断拓展实践的范围
   D. 以上都是

3. 突破思维障碍的方法有 （　　）
   A. 改变思考顺序
   B. 改变思考角度
   C. 改变思维方式
   D. 以上都是

4. 联想思维和(　　)可以说是一对孪生姐妹,在人的思维活动中都起着基础性的作用。
   A. 想象思维
   B. 发散思维
   C. 组合思维
   D. 移植思维

5. 从某一事物出发,以此为发散点,尽可能多地设想与另一事物(或一些事情)联结成具有新价值(或附加值)的新事物的各种可能性属于 （　　）
   A. 材料发散
   B. 结构发散
   C. 形态发散

D. 组合发散

6. 辏合显同法属于　　　　　　　　　　　　　　　　　　（　　）

　　A. 联想思维

　　B. 发散思维

　　C. 收敛思维

　　D. 移植思维

7. 移植思维是指　　　　　　　　　　　　　　　　　　　（　　）

　　A. 将一个事物与另一个事物对接起来

　　B. 将一个领域的研究结果复制到另一个领域之中

　　C. 将一个事物的一部分挪到另一个事物中去

　　D. 将一个领域的原理、方法或构想运用到另一个领域之中

8. 要想成为有创新力的人,最关键的是　　　　　　　　　（　　）

　　A. 打好知识基础

　　B. 发现自己的不足,并加以弥补

　　C. 提高逻辑思维能力

　　D. 突破思维障碍

9. 柯达曾受到滚筒式床帘的启发发明了柯达胶卷,这种思维方式属于（　　）

　　A. 组合思维

　　B. 移植思维

　　C. 联想思维

　　D. 发散思维

10. 美国阿波罗号所使用的"月球轨道指令舱"与"登月舱"分离方法,实际上就移植于巨轮不能泊岸时用的驳船靠岸的办法属于　　　　　　（　　）

　　A. 原理移植

　　B. 方法移植

　　C. 结构移植

　　D. 回采移植

三、判断题

1. 一般认为,人们在提出和解决问题的过程中,一切对创新成果起作用的思维活动,都可以视为广义的创新思维。　　　　　　　　　（　　）

2. 开放是指对司空见惯的想象或已有权威理论的事物能始终持怀疑、分析、批判的态度,而不轻信盲从,并能用新的方式来对待和思考所遇到的问题。（　　）

3. 创新的准备阶段就是回归到问题本身,让内心沉浸其中进行深思熟虑,然后尝试能否解决。　　　　　　　　　　　　　　　　　（　　）

4. 思维定式不利于日常对普通问题和流程性工作的思考和处理,也不利于创造性思维。　　　　　　　　　　　　　　　　　　　（　　）

5. 为了破除思维定式,需要在思维过程中认识到现有知识不是绝对真理,认识到任何一般原理都必须与具体实践相结合,认识到对任何问题都应该了解相关的各种观点,以便通过比较进行鉴别。 （　　）

6. 经验型思维有助于人们在处理常规事物时少走弯路,提高办事效率,但在创造性思维运用过程中阻碍了创新。 （　　）

7. 不同的人其思维的流畅性和敏捷性是有区别的。 （　　）

8. 组合思维具有收敛性,在组合创新的思维过程中,通常需要使用收敛性思维,以探求新的多样性的结论,因此需要具有广阔的思维空间,可以采用正向、逆向、纵向和横向的思维方式。 （　　）

9. 随大流的思维方式是创新的大敌。 （　　）

10. 有时危机反而有利于突破思维定式。 （　　）

11. 凡事一定要按照程序去做。 （　　）

12. 创新思维只是少数尖端人才有需要,对大多数普通人来说并不需要。 （　　）

13. "互联网＋"这一概念的提出,就是希望通过将各行各业与互联网进行强制联想,以激发创新创业。 （　　）

14. 发明创造既可以"做加法",也可以"做减法",如从某件产品中去掉一部分也可能成为一个新产品。 （　　）

15. 所有的创新思维都可以经过科学地学习和训练后掌握,以达到开发自己的潜能、激发创新能力的结果。 （　　）

模块四　运用创新技法

导读案例

易拉罐的发明

在易拉罐发明之前，人们只能在瓶盖上挖个小洞，然后用吸管吸，既费力又不方便。于是，技术人员开始研究如何能非常容易地在瓶盖上开个口子。他们从自然界的动植物开始研究：哪些东西是能自动张口的呢？

他们选择了具有开口功能的蛤蜊、凤仙花的荚果和火山口等作为研究对象。他们发现：蛤蜊的一开一合是因为它的壳内有一道俗称瑶柱的肌肉，一开一合就是由这道肌肉的抽紧和放松来进行的。凤仙花的荚果在成熟后啪的裂开了大口。原因是荚果的外皮有一部分有裂缝，在裂缝上有细细的筋拉合着，因此，荚果的口看来是密合的，一到秋天，荚果成熟，那些细筋就枯竭没力了，弹力使荚果张开了口。火山口的形成则不同。火山口所在之处有熔岩往上涌。哪儿的地壳比别处薄，地下熔岩的量大，哪儿就成为火山口。

易拉罐就是利用了蛤蜊开口的原理、凤仙花荚果开口的结构和火山口的形成原理，将它们的特征加以协调综合而发明的。

小组活动

1. 易拉罐在发明过程中使用了哪种创新方法？
2. 尝试使用该创新方法对其他产品进行设计。

4.1　头脑风暴法

热身活动

1. 什么东西是三角形的？答案越多越好。
2. 哪些地方有香味？答案越多越好。
3. 胡椒粉可以用来做什么？答案越多越好。

4. 水有些什么缺点？说得越多越好。

5. 船有些什么缺点？说得越多越好。

6. 你能说出纸的各种用途吗？答案越多越好。

一、头脑风暴法的定义

头脑风暴法（Brain Storming，BS），又称智力激励法或自由思考法（畅谈法、畅谈会、集思法）。头脑风暴法出自"头脑风暴"一词。头脑风暴，最早是精神病理学上就精神病患者的精神错乱状态而言的，而现在则成为无限制的自由联想和讨论的代名词，其目的在于产生新观念或激发创新设想。

头脑风暴法是由美国创造学家 A. F. 奥斯本于 1939 年首次提出、1953 年正式发表的一种激发性思维的方法。此法经各国创造学研究者的实践和发展，至今已经形成一个发明技法群，如奥斯本智力激励法、默写式智力激励法、卡片式智力激励法等。

头脑风暴法又可分为直接头脑风暴法（通常简称"头脑风暴法"）和质疑头脑风暴法（也称"反头脑风暴法"）。前者是由专家群体决策，尽可能激发创造性，产生尽可能多的设想的方法；后者则是对前者提出的设想、方案逐一质疑，分析其现实可行性的方法。

二、头脑风暴法的特点

运用头脑风暴法时，通常针对要解决的问题，相关专家或人员聚在一起，在宽松的氛围中，敞开思路，畅所欲言，寻求多种决策思路，倡导创新思维。头脑风暴没有令人拘束的规则，人们能够更自由地思考，进入思想的新区域，从而产生很多新观点和问题的解决方法。当参加者有了新观点和想法时，他们就大声说出来，然后在他人提出的观点之上再产生新观点。所有的观点被记录下来，但不进行批评。只有在头脑风暴会议结束的时候，才对这些观点和想法进行评估。这种方法主要是通过信息的碰撞引发和加剧思维的活动，打破习惯性思维和思维定式的束缚，克服思维的麻木、迟钝、僵化状态，而使思维获得彻底解放，使思维变得极度活跃和灵敏，加快思维活动速度，大大提高思维活动效率。沉寂、冷漠、呆滞、僵化、缺乏活力和创造力的大脑是不可能有创意的。脑力激励越强烈，激励幅度越大，大脑就会越灵活，越好用，越能产生无穷的创意。头脑风暴法的激励方式有很多，可以是交谈，用语言激励；也可以用问题、目标、图片、影像、资料、目录、卡片等刺激物刺激大脑，激励思维，激发创意。

三、头脑风暴法的实施程序

头脑风暴法的实施程序，如图 4-1 所示。

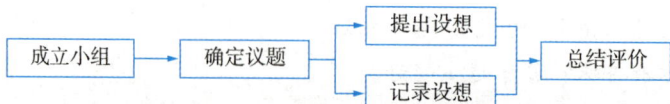

图 4-1　头脑风暴法实施程序

（一）成立头脑风暴小组

参加人数一般为 5—10 人（课堂教学也可以班为单位），一般来说包括主持人和记录员在内。最好由不同专业或不同职业背景者组成，具有不同学科背景，这样可能会使提问和观点千差万别，实现头脑风暴的目标。小组中不宜有过多的行家，行家过多难免会产生各种不同的评价，不易形成自由的氛围。

（二）确定议题

议题应尽可能具体，最好是实际工作中遇到的亟待解决的问题，目的是进行有效的联想。因为头脑风暴法是用来产生各种各样的主意和设想的，所以所确定的议题可以是问题本身，也可以是方法、解答与标准等。常见议题如下：

① 列举陈述同一问题（目标）的方法。

② 列举与同一个问题（目标）有关的问题。

③ 列举可能发生的各种问题。

④ 列举解决某一问题的方法。

⑤ 列举应用某一原理、原则的方法。

⑥ 列举评价某一物品的标准。

⑦ 列举某一机构各种组成、功能和要求。

（三）提出设想

1. 各抒己见

让与会人员发表意见和设想。发言力求简明扼要，不要进行任何解释。一句话的设想也可以，最好的设想往往是在会议快要结束时提出的。禁止批评和评论，也不要自谦。对别人提出的任何想法都不能批判、不得阻拦，即使自己认为是幼稚的、错误的，甚至是荒诞离奇的设想，也不得予以驳斥；同时也不允许自我批判，要在心理上调动每一位与会者的积极性，杜绝出现"扼杀性语句"和"自我扼杀语句"。例如，"这根本行不通""你这想法太陈旧了""这是不可能的""这不符合某某定律"以及"我提一个不成熟的看法""我有一个不一定行得通的想法"等语句，禁止在会议上出现。

> 想象力是人类能力的试金石，人类正是依靠想象力征服世界。
>
> ——亚历克斯·奥斯本

2. 激发思考

对任何发言都不能进行否定，也不能提出任何批评别人的意见，只允许对他人的设想进行补充、完善和发挥。目标集中，追求设想数量，越多越好，会议以谋取设想的数量为目标。每位与会者都要从他人的设想中激励自己，从中得到启示，或补充他人的设想，或将他人的若干设想综合起来提出新的设想等。会议提倡任意想象、尽量发挥，主意越新越怪越好，因为它能启发人们产生更好的观念。

出现暂时思维停滞时，可采取一些措施，如休息几分钟，自选休息方法（唱歌、喝水等),休息之后再进行几轮脑力激荡。或者发给每人一张与问题无关的图画,要求讲出从图画中所获得的灵感。

(四)记录设想

记录设想是为了综合和改善所需要的素材。与会人员一律平等,各种设想全部被记录下来。与会人员,不论是该方面的专家、员工,还是其他领域的学者,或者该领域的外行,在"头脑风暴"会议上一律平等;各种设想,不论优劣,哪怕是最荒诞的,记录人员也要认真地将其完整记录下来。

(五)总结评价

分析实施或采纳每一条意见的可行性,为所要解决的问题找到最佳的解决办法。根据情况需要,引导与会者掀起一次又一次脑力激荡的"激波"。例如,议题是某产品的进一步开发,可以将改进产品配方的思考作为第一激波,将降低成本的思考作为第二激波,将扩大销售的思考作为第三激波等。又如,对某一问题解决方案的讨论,要引导大家掀起"设想开发"的激波,及时抓住"拐点",适时引导进入"设想论证"的激波。要掌握好时间,会议持续 1 小时左右,形成的设想应不少于 100 种。但最好的设想往往是在会议要结束时提出的,因此,预定结束的时间到了可以根据情况再延长 5 分钟,这是容易提出好的设想的时候。在 1 分钟时间里再没有新主意、新观点出现时,可宣布会议结束或告一段落。

四、头脑风暴法的注意事项

头脑风暴法是一种最为常用的激发群体创造力的方法。这种方法快速、简单且有效。然而,许多组织却在头脑风暴法上屡屡受挫,以至于最后放弃使用。于是他们认为头脑风暴法已经过时了,而且不再有效。但事实上使人们受挫的真正原因是,他们没有正确使用头脑风暴法。一次奏效的头脑风暴是有趣而充满活力的,它能够产生许多好的主意。但较差的头脑风暴却令人受挫,消磨动力。下面列举几种简单却足以毁掉一次头脑风暴的情况。

(一)没有清晰的目标

如果一次头脑风暴的意图是模糊不清的,就会导致会议议程停滞不前甚至失去方向。所以一定要设立清晰的目标。一次头脑风暴的目的是达成一个具体特定的目标,并产生许多有创意的想法。最好的方法是,把这个目标设定成一个问题。模糊的目标是无用的,"我们如何能做得更好"远没有"我们如何在下一年将销售量翻倍"这个议题产生的效果要好。议题中的数字也不应该过细,否则会使头脑风暴受到局限,减少更多的可能性。例如,"如何通过利用现有渠道和当前的产品设置,使销售量翻倍"这个问题就有些过于限制了。一旦问题得到一致的同意,就将它写下来,以便所有人都能清楚地看到。同时,也应当为这个目标设定需要多少创意以及要花多少时间,如"我们打算在下面的 20 分钟里想出 60 个创意,然后从中筛选出 4—5 个最好的创意"。

（二）参与者的背景太过相近

假如每个人都来自同一个组织单位,就极易陷入一种"群体思考"中,从而大大地禁锢了创造力,因此要谨慎地选择参与者。参与者的数量控制在 5—10 人为宜,太少的人数会使头脑风暴的素材不够丰富,而太多的人参加又难以控制,容易限制个人的发挥。在整个头脑风暴小组中还应引入一些其他领域甚至与讨论话题无关的旁观者,这些人常会提出不同角度的看法以及奇特的创意。不同背景的参与者参加的讨论,效果会是更好的。这些人可以涵盖不同的年龄层次、性别、经验水平等。

（三）老板或者主持人成为讨论的推动者

要小心在团队中表现得独断专行的老板或者主持人,他们可能会限制讨论的内容。如果这样的老板在场,那么最好有一名能够胜任推动角色的独立人士在场——他要能够激励与会者积极思考,并防止某个人主导全局。

（四）允许过早地评判

头脑风暴最重要的原则是将评判推后。为了鼓励大量不同凡响的好想法出现,要确保没有人对任一想法提出任何评判,这是非常重要的。参与者提出的任何一个想法,无论显得多么愚蠢,都要记录下来。在产生想法阶段不进行评判的原则极为重要,因而需要严格地加以执行。

（五）满足于为数不多的想法

不要刚得到几个想法,就开始分析。数量最重要,想法的数量越多越好。在一切活动中,头脑风暴是为数不多的数量能够改善质量的活动。各不相同的想法产生得越多,其中一些最终被选中的可能性就越大。完全无法使用的疯狂想法往往起着跳板的作用,引导与会者想出可以被采用的新颖方案。

（六）没有收场或后续执行

不要在没有得到清晰的执行计划之前,就结束头脑风暴会议,即使已经产生了很多想法。如果看不到真实的结果,人们会感到之前进行的过程没有意义,从而灰心丧气。应该在会上快速地分析得到的这些想法。一种好的方法是把总结性发言分成 3 个部分——有见地的想法、有趣的想法和反对意见。若在有见地的想法里,有特别出色的点子值得马上实施,应该立即将之作为一个实践项目交予相关实施者。

📖 拓展阅读

清 除 积 雪

有一年,美国北方格外严寒,大雪纷飞,电线上积满冰雪,大跨度的电线常被积雪压断,严重影响通信。过去,许多人试图解决这一问题,但都未能如愿以偿。后来,电信公司经理应用奥斯本发明的头脑风暴法,尝试解决这一难题。他召开了一种能让头脑卷起风暴的座谈会,参加会议的是不同专业的技术人员,要求他们必须遵守以下原则。

第一,自由思考。要求与会者尽可能解放思想,无拘无束地思考问题并畅所欲言,不必顾虑自己的想法是否"离经叛道"或"荒唐可笑"。

第二,延迟评判。要求与会者在会上不要对他人的设想评头论足,不要发表"这主意好极了""这种想法太离谱了"之类的"捧杀句"或"扼杀句",至于对设想的评判,留在会后组织专人考虑。

第三,以量求质。鼓励与会者尽可能多而广地提出设想,以大量的设想来保证质量较高的设想的存在。

第四,结合改善。鼓励与会者积极进行智力互补,在增加自己提出设想的同时,注意思考如何把两个或更多的设想结合成另一个更完善的设想。

按照这种会议规则,大家七嘴八舌地议论开来,有人提出设计一种专用的电线清雪机;有人想到用电热来化解冰雪;也有人建议用振荡技术来清除积雪;还有人提出能否带上几把大扫帚,乘直升机去扫电线上的积雪。对于这种"坐飞机扫雪"的想法,尽管大家心里觉得滑稽可笑,但在会上也无人提出批评。

相反,有一位工程师在百思不得其解时,听到用飞机扫雪的想法后,大脑突然受到冲击,一种简单可行且高效率的清雪方法冒了出来。他想,每当大雪过后,出动直升机沿积雪严重的电线飞行,依靠调整旋转的螺旋桨即可将电线上的积雪迅速扇落。他马上提出"用干扰机扇雪"的新设想,顿时又引起其他与会者的联想,有关用飞机除雪的主意一下子又多了七八条。不到一小时,与会的 10 名技术人员共提出 90 多条新设想。

会后,公司组织专家对设想进行分类论证。专家们认为设计专用清雪机,采用电热或电磁振荡等方法清除电线上的积雪,在技术上虽然可行,但研制费用大,周期长,一时难以见效。那种因"坐飞机扫雪"激发出来的几种设想,倒是一种大胆的新方案,如果可行,将是一种既简单又高效的好办法。

经过现场试验,发现用直升机扇雪真能奏效,一个久悬未决的难题,终于在头脑风暴会中得到了巧妙地解决。

随着发明创造活动的复杂化和课题涉及技术的多元化,单枪匹马式的冥思苦想将变得软弱无力,而"群起而攻之"的头脑风暴战术则显示出攻无不克的威力。

4.2 列举分析法

红砖的用途

建筑材料：盖房子（包括盖大楼、宾馆、教室、仓库、猪圈、厕所……）、铺路面、修烟囱等。

从砖头的重量：压纸、腌菜、砝码、哑铃健身等。

从砖头的固定形状：尺子、多米诺骨牌、垫脚等。

从砖头的颜色：水泥地上当笔，画画；压碎做红粉，做指示牌；磨碎掺进水泥，做颜料等。

你还能列出红砖有什么用途？

一、列举分析法的定义

列举是人们思维活动的表现形式之一。通过列举事物各方面的属性，构成一定数量，便有助于产生新的概念，同时可从所列举的事物的性质、特征中归纳出更一般的概念。

一般人们不太会对熟悉的事物进行认真仔细的观察分析，这在主观上就有了感知障碍，使人们不能全面深入地考察问题。而列举法要求人们以一丝不苟的态度，将一个熟悉的事物进行重新观察，每个细节都列举出来，从中发现存在的问题，提出改进意见和希望，由此产生新创造。

列举法是将研究对象的特点、缺点、希望点都罗列出来，从中发现规律，提出改进措施，形成一定独创性的一种方法。这种方法可以帮助人们抓住特点，把握主攻方向，寻找发明创造的途径。

二、列举分析法的类型

列举分析法中最基本的一种是特性列举法，在它的基础上又发展出缺点列举法、希望点列举法、成对列举法等。

（一）特性列举法

1. 特性列举法概述

特性列举法是美国布拉斯加大学教授克劳福特发明的一种创造技法。克劳福特认为，每种事物都是从另外的事物中产生发展而来的。一般的创造都是旧物

> 科学的每一项巨大成就，都是以大胆的幻想为出发点的。
> ——杜威

改造的结果,所改造的主要方面是事物的特性。

此法就是通过对需革新改进的对象进行观察分析,尽量列举该事物的各种不同的特征或属性,然后确定应加以改善的方向及措施。一般来说,要解决的问题越小、越简单,特性列举法就越容易获得成功。

特性列举法适用于革新或发明具体事物,特别适合于轻工业产品的革新,此法也适用于行政措施、机构体制及工作方法的改进。特性列举法既可个人使用,亦可集体使用。

2. 特性列举法的实施步骤(见图4-2)

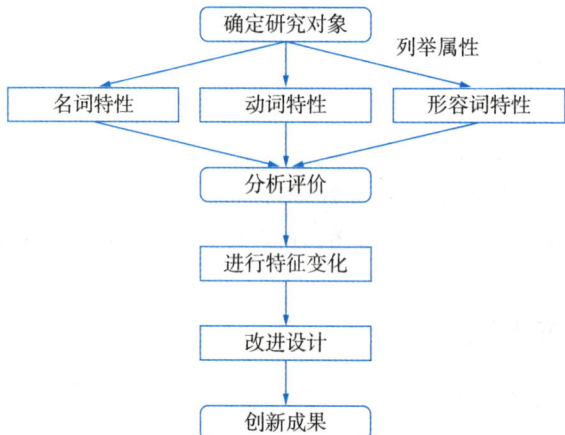

图4-2 特性列举法实施步骤

① 将对象的特性或属性全部写出来,列成表。如果对象繁复,则应先将对象分解后选出一个目标较为明确的发明或改进课题,课题宜小不宜大。

② 从三个方面进行特性列举:

名词特性——整体、部分、材料、制造方法;

形容词特性——颜色、形状、感觉、性质、状态;动词特性——功能、作用。

③ 在各项目下试用可替代的各种属性加以置换,引出具有独创性的方案。进行这一步的关键是要力求详尽地分析每一特性,提出问题,找出缺陷,再试图从材料、结构、功能等方面加以改进。

④ 提出方案并对方案进行评价讨论,使产品能符合人们的需要和目的。

(二)缺点列举法

1. 缺点列举法概述

缺点列举法是一种分析列举型的创新思维,是将某一事物或产品的所有缺点都列举出来,然后通过对其中的一个或若干个缺点的改进或改革,获得发明成果的创造技法。

缺点列举法的特点是直接从社会需要的功能、审美、经济等角度出发,研究对象的缺陷,提出改进方案,简便易行。此法主要是围绕原事物的缺陷加以改进,一般不改变原事物的本质与总体,属于被动型的方法。它一方面可用于老产品的改造,也可用于对不成熟的新设想、新产品的完善,另一方面还可用于企业经营管理的改善等。本方法并不以克服事物的缺点为目标,而是巧妙地利用事物的缺点,化弊为利,化腐朽为神奇。

2. 缺点列举法的实施步骤(见图 4-3)

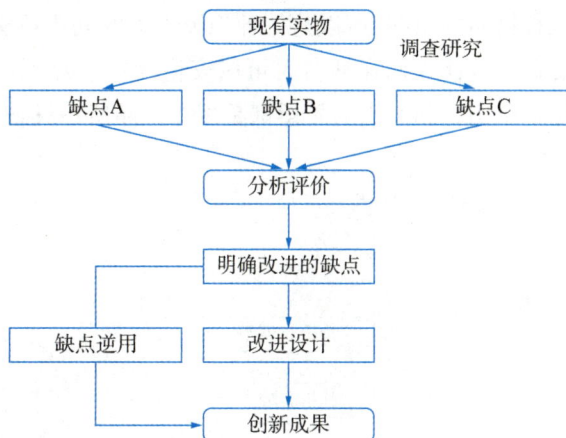

图 4-3 缺点列举法的实施步骤

使用缺点列举法,并无十分严格的步骤,一般可按以下程序进行。

① 尽量列举该事物的缺点,需要时可事先广泛调查研究,征集意见。

② 将缺点加以归类整理。

③ 针对所列缺点逐条分析,研究其改进方案,或能否将缺点逆用,化弊为利。

在具体运用缺点列举法进行创造发明时,可以个人进行思考,也可进行集体研究,还可借助调查等方式。

3. 缺点列举法的常见类型

(1) 会议法

召开一次缺点列举会,会议由 5—10 人参加,会前由主管部门针对某项事物选择一个需要改进的主题,让与会者围绕此主题尽量列举各种缺点,越多越好。另请一人将提出的缺点记录在一张卡片上并编号,之后从中排选出主要缺点,并针对这些缺点制定出切实可行的革新方案。一次会议的时间为 1—2 小时,会议的主题宜小不宜大。

(2) 用户调查法

企业在改进产品时使用缺点列举法可以与征求的用户意见结合起来,通过销售、售后服务、意见卡等渠道广泛征集缺点。"用户是上帝",他们提出的意见有时是生产设计人员所不易想到的。

(3) 对照比较法

将同类产品集中在一起,从比较中找缺点,甚至对名牌产品"吹毛求疵",以找到可以的改进之处。

(三)希望点列举法

1. 希望点列举法概述

希望点列举法是针对某一种事物或产品(或尚未存在的),列举出人们希望它具有的功能,并通过使其中的一项或若干项功能的实现获得发明成果的创造技法。

希望点列举法不同于缺点列举法。希望点列举法是从发明者的意愿出发提出的各种新设想,它可以不受原有物品的束缚,所以是一种积极主动的创造技法。例如,有人提出,希望发明一种"定时安眠药",让人们在疲劳时可以安稳地休息片刻,然后定时醒来,继续工作,而且经常服用无副作用。列举出的希望都是现有产品所不具备的,所以希望点列举法通常被用来开发新产品。

2. 希望点列举法的实施步骤(见图 4-4)

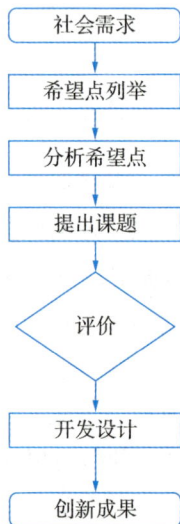

图 4-4 希望点列举法的实施步骤

① 对现有的某个事物提出希望。希望一般来自两个方面:一是事物本身存在不足,希望改进;二是人们的需求变更,有新的要求。

② 评价所产生的希望,找出可行的设想。

③ 对可行性希望进行具体研究,并制定方案,实施创造。

📖 拓展阅读

包装还能这么玩?

在社会化营销这件事上,可口可乐总是让人叹服。经常被各种套路绕到眩晕的消费者,却总能在可口可乐的瓶瓶罐罐中得到惊喜。这次,他们又在全球掀起一波"热潮"。

据统计,全球每天有 17 亿人次的消费者在畅饮可口可乐公司的产品,平均每秒钟能售出 19 400 瓶。然而,根据可口可乐的市场调查,罗马尼亚 40% 的年轻人,在过去一个月里一瓶可口可乐的产品也没喝过。年轻人是可口可乐的主要目标群体,但罗马尼亚的年轻人却如此不给力。这对在全球范围内都如此受欢迎的可口可乐公司来说,实属悲剧!

为了扭转这种局面,可口可乐找到其在罗马尼亚的负责人 McCann Bucharest 分析原因。他们发现，罗马尼亚的年轻人，这个潜在的最大消费群体，最喜欢的户外活动之一就是音乐节。在不知道多少轮头脑风暴过后，这个精彩的创意诞生了——"the Festival BOTTLE"（音乐节瓶）。

他们在瓶身上加了一条可以撕下来的"腕带"，还设计了八款。具体怎么玩呢？首先把这条腕带撕下来，然后通过可口可乐推出的特制 App 扫描腕带上的条形码，查看是否中奖。如果成了幸运儿，就可以凭借这条腕带出入罗马尼亚的各大音乐节。没有中奖的话，也可以留下腕带作为个人装饰品使用。

虽然这不是可口可乐第一次玩自己的瓶身包装（之前也曾有过名字瓶、歌词瓶等设计），但这次还加入了实实在在的"参与感"。撕腕带、下载 App 扫描……这些都需要消费者亲自去完成。在这一系列的活动中，消费者自然与品牌产生亲密感。很多购买者把自己戴着可口可乐腕带的照片发到了社交网络，引发了一波新的时尚潮流。

数百万瓶自带"腕带"的可口可乐上市之后，所取得的效果非常明显：销量增长了11％，至少影响了 75％的罗马尼亚年轻人，《福布斯》等各大媒体报道，连为活动推出的特制 App 在 Apple Store 和 Google play 都冲上了排行榜第一名。

可口可乐的这个案例相当值得每个企业，特别是包装盒定制企业学习和借鉴，不仅产品质量要努力提升，包装方面也要不断推陈出新。

——今日头条，2017 年 6 月 6 日

（四）成对列举法

1. 成对列举法概述

成对列举法是把任意选择的两个事项结合起来，成对列举其特征，或者把某一范围内的事物一一列举，依次成对组合，从中寻求创新设想。本方法既利用了特性列举法务求全面的特点，又吸收了强制联想法易于破除框框、产生奇想的优点，因而更能启发思路，收到较好的效果。

2. 成对列举法的实施步骤

（1）第一种方式

① 列举，把某一范围内所能想到的所有事项依次列举出来。

② 强迫联想，任意地选择其中两项依次组合起来，想象这种组合的意义。

③ 对所有的组合进行分析筛选。

例如，要设计新式多功能家具，可以先列举各种家具及室内用具：床、桌子、沙发、椅子、茶几、书架、台灯、衣柜、衣架、镜子、花盆架、电视、音响、眼镜、梳子。然后，两两配对组合：床和沙发、灯和衣架、桌子与书架、床和箱子、床和灯、镜子与柜子、电视与花盆、音响和台灯等。

最后对所有方案进行分析，发现许多方案均可发明出新式家具，有些方案事实上已经成为产品，如床和沙发组合成的沙发床，镜子和柜子组合成的带穿衣镜的柜子，床和箱子组合成的床底可兼做储物柜的箱体床等。有些方案则还没人尝试过，如茶几与电视机结

合、茶几与镜子结合、电视机与镜子结合、椅子与灯结合等。要分析这些设想中的组合能否构成可行的方案。例如,选取书架与椅子组合进行进一步构思,在书架旁设计安装几块自动折叠的板条,既可坐人,又可临时放书,还可当踏板去拿书架上层的书。不用时,可以折叠或插入,节省空间。

（2）第二种方式

① 将两种不同事物的属性或子因素一一列出。其中,一个事物为焦点物(发明物),另一个事物是触发物(参照物)。

甲事物的要素或属性:甲 1、甲 2、甲 3、甲 4、甲 5……

乙事物的要素或属性:乙 1、乙 2、乙 3、乙 4、乙 5……

② 考虑甲事物的属性 1 能否与乙事物中的每种属性配对组合,再继而考虑甲事物的属性 2 同乙事物的每种属性的配对结合,依次全部组合。

③ 在所有可能结合的方案中,进行评选。

4.3 组合创新法

热身活动

据说,化学家阿伏伽德罗和著名的数学家高斯开了个玩笑:他在高斯面前把 2 升氢气放在 1 升氧气中燃烧,结果得到 2 升水蒸气。阿伏伽德罗对高斯说:"只要化学愿意的话,它能使 2＋1＝2,而你们数学能做到这一点吗?"

你还能想到哪些 2＋1＝2 的情况?

一、组合创新法的定义

组合创新法是将两个及两个以上的技术因素或按不同技术制成的不同物质,通过巧妙的组合或重组,获得具有统一整体功能的新产品、新材料、新工艺等的一种创造方法。

组合不是将研究对象进行简单的叠加或初级的组合,而是在分析各个构成要素基本性质的基础上,综合其可取的部分,使综合后所形成的整体具有优化的特点和创新的特征。许多杰出的创造性思维的精神产物与物质产物,都是由人类点滴积累的思维材料经过综合处理或个性加工而实现的。例如,轮子与轿子的综合产生了轿车,轮子与舟楫的综合产生了轮船,而"阿波罗号"登月的壮举则是由空前的大综合实现的大创造。

二、组合创新法的类型

（一）主体附加法

主体附加法是指以某一特定的对象为主体,通过置换或插入其他技术或增加新的附件而发明或创新诞生的方法。我们可以发现大量的商品是采用这一技法创造的,如在电风扇中添加香水盒,在摩托车的储物箱上安装电子闪烁装置,给电风扇加定时器,给电冰箱加温度显示器,彩色电视机附加遥控器等。

主体附加法是一种创造性较弱的组合,人们只要稍加动脑和动手就能实现,但只要附加物选择得当,同样可以产生巨大的效益。主体附加法的创造性很大程度上取决于附加物的选择是否使主体产生新的功能和价值,以增加其实用性。

📖 拓展阅读

色盲可识的红绿灯

江苏省常熟中学的庞颖超发明了一种能够让色盲患者识别的红绿灯,在现行的纯红绿颜色的灯中加入一些白色的有规则形状的图形。在红色圆形中间加入一条横着的白杠,在绿色圆形中间加入一条竖着的白杠,以此来让色盲进行识别。"现在的交通灯都是红绿色,而那些患有色盲症的人不能分辨这两种颜色,这就给他们的生活带来了极大的不便。"为了证明这种不便性有多大,庞颖超列举了一个数据:色盲患者的数量占到了世界人口的 5.6%。"有一次,我看到交警抓了一个闯红灯的人,结果发现他是色盲患者,分辨不出红绿灯,于是我就有了做这个红绿灯的想法。"

(二)异类组合法

异类组合法又称异物组合法,是将两种或两种以上不同种类的事物组合而产生新事物的技法。这种技法是将研究对象的各个部分、各个方面和各种要素联系起来加以考虑,从而在整体上把握事物的本质和规律,体现了综合就是创造的原理。

异类组合法和主体附加法在形式上很相近,但又有区别。主体附加法是一种简单要素的补充,而异类组合法是若干基本要素的有机综合。异类组合是两种或两种以上不同领域的技术思想的组合,两种或两种以上不同功能物质产品的组合,其组合对象(技术思想或产品)来自不同的方面,一般无主次关系。参与组合的对象在意义、原理、构造、成分、功能等任一方面和多方面互相渗透,整体变化显著。异类组合是异类求同的创新,创新性很强。

📖 拓展阅读

葫 芦 飞 雷

我国云南哀牢山彝族人民将火药、铅块、铁矿石碴、铁锅碎片等物放入一个掏尽籽的干葫芦里,在葫芦颈部塞入火草作为引火物,把葫芦装进网兜。这就是一个异类组合创造——"葫芦飞雷"。"葫芦飞雷"被称为世界上最早的手榴弹。被组合的东西(火药、铅块、铁矿石碴、铁锅碎片等物)是旧的,组合的结果("葫芦飞雷")却是新的。以旧变新、由旧出新,这就是创造。

(三) 同类组合法

同类组合又叫同类自组,是指两个或两个以上相同或几乎相同事物的简单叠合。参与组合的对象在组合前后的基本原理和结构一般没有根本的变化,往往具有组合的对称性或一致性的趋向。这种组合要求在保持事物原有功能或原有意义的前提下,通过数量的增加弥补功能上的不足或求取新的功能。双向拉锁、三合米、鸡尾酒、双排订书机、多缸发动机、双头液化气灶、双层文具盒、双头绣花针、3000 个易拉罐组合成的汽车、1000 只空玻璃瓶组合在一起的"埃菲尔铁塔"形象等都是同类组合的产物。同类组合还可以延伸为共享组合、补代组合、概念组合等。

共享组合是指把某一事物中具有相同功能的要素组合到一起,达到共享之目的。例如,吹风机、卷发器、梳子共用同一个带插销的手柄。

> 我认为搞发明有两条路,第一条是全新的发现,第二条是把已知其原理的事实进行组合。
> ——日本创造学家菊池城

补代组合是通过对某一事物的要素进行摒弃、补充和替代,形成一种在性能上更为先进、新颖、实用的新事物,如拨号式电话改为键盘式,银行卡代替存折。

概念组合是以词类或命题进行的组合,如绿色食品、阳光拆迁、阳光录取、音乐餐厅、裴多菲俱乐部等。

(四) 分解组合法

分解组合是指将整体事物进行分解后,使分解出来的部分经过改进完善成为单独的整体,形成一个新产品或新事物。

分解组合通过改变事物内部各组成部分之间的相互位置来改变其相互关系,从而优化事物的性能,它是在同一事物上施行的,一般并不增加新的内容。例如,普通螺丝刀的刀把和刀头是固定的,遇到不同规格的螺钉就要准备不同的螺丝刀。人们通过分解,把刀把、刀头分开,分别做了改造后发明了多用活动螺丝刀。

(五) 辐射组合法

辐射组合是以一种新技术或令人感兴趣的技术为中心,同多方面的传统技术结合起来,成技术辐射,从而产生多种技术创新的发明创造方法。通俗地讲,就是对新技术或令人感兴趣的技术进一步地开发应用,这也是新技术推广的一个普遍规律。

现以人造卫星这种新技术为例,看它所引起的辐射组合。人造卫星技术研制成功以后,它与各种学科辐射组合,发展了卫星电视转播、卫星通信转播、卫星气象预报、生物进化科学,以及对月球、行星、恒星等宇宙研究的各种技术。

(六) 坐标组合法

坐标组合法也称二维坐标组合法,是一种强制联想组合发明法。它利用了直角坐标系,把要组合的对象先列成坐标体系,在两条数轴上标点(元素),然后按顺序轮番进行两两强制联想组合,对创造性的联想点进行预测判断和推理剖析,选出有意义的组合物的创新方法,从而形成前所未有的新成果。

在平面上画出 x 轴和 y 轴,在 x 轴和 y 轴上分别列出一些事物,然后将其一一对应组合。二维坐标法是组合思维法中较难的一种。例如,设计包装盒,其二维坐标组合如图4-5所示。新式家具开发的坐标组合如表4-1所示。

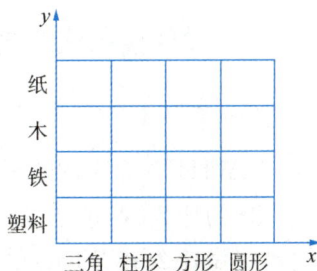

图4-5　包装盒设计坐标组合

表4-1　新式家具开发坐标组合

	床	沙发	桌子	衣柜	镜子	电视
沙发	沙发床					
桌子	床头桌	沙发桌				
衣柜	床头柜	沙发柜	组合柜			
镜子	床头镜	沙发镜	镜桌	穿衣镜		
电视	电视床	电视沙发	电视桌	电视柜	反画面电视	
灯	床头灯	沙发灯	台灯	带灯衣柜	镜灯	电视灯

4.4　设问检核法

热身活动

悦耳的音乐可以使人心旷神怡,激发创造力;可以使奶牛多产奶,使西红柿提高产量。想一想,声音的改变还可以起到哪些作用?

一、设问检核法的定义

设问检核法实际上是一种多路思维的方法,人们根据检查项目,可以逐个方面地想问题,使思路更具条理性,也有利于较深入地发掘问题,有针对性地提出更多的可行设想。设问检核法几乎适用于各种类型和场合的创造活动,因而可把它称作"创造技法之母"。

设问检核法实际上就是提供了一张提问的单子,问题涉及的范围相当全面,提问中使用"假如""如果""是否""还有"等词语,能够启发思维、促进想象,使人很快进入假想状态,通过各种假设式的变换寻找解决问题的途径。

二、设问检核法的典型技法

(一)5W1H 法

"5W1H"法是美国陆军提出的。所谓"5W1H",是指以下六个问题。

① 为什么(Why)?

② 做什么用(What)?

③ 谁来使用(Who)?

④ 何时被使用(When)?

⑤ 被用于何处(Where)?

⑥ 怎么起作用(How)?

这六个问题对任何事物都有普遍意义,因而它具有广泛的实用价值,而且便于应用。

(二)奥斯本检核表法

奥斯本检核表法是指以该技法的发明者奥斯本命名、引导主体在创造过程中对照九个方面的问题进行思考,以便启迪思路,开拓思维想象的空间,促使人们产生新设想、新方案的方法。

运用奥斯本检核表法进行创新活动的实施步骤如下。

① 根据创新对象明确需要解决的问题。

② 根据需要解决的问题,参照表4-2中列出的问题,运用丰富想象力,强制性地一个个核对讨论,写出新设想。

③ 对新设想进行筛选,将最具价值和创新性的设想筛选出来。

表4-2　新式家具开发坐标组合

序号	检核项目	含　义
1	能否他用	现有的事物有无其他的用途;保持不变能否扩大用途;稍加改变有无其他用途
2	能否借用	能否引入其他的创造性设想;能否模仿别的东西;能否从其他领域、产品、方案中引入新的元素、材料、造型、原理、工艺、思路
3	能否改变	现有事物能否做些改变,如在颜色、声音、味道、式样、花色、音响、品种、意义、制造方法等方面,改变后效果如何
4	能否扩大	现有事物可否扩大适用范围;能否增加使用功能;能否添加零部件;能否延长使用寿命,增加长度、厚度、强度、频率、速度、数量、价值
5	能否缩小	现有事物能否体积变小、长度变短、重量变轻、厚度变薄以及拆分或省略某些部分(简单化);能否浓缩化、省力化、方便化、短路化
6	能否替代	现有事物能否用其他材料、元件、结构、设备、方法、符号、声音等代替
7	能否调整	现有事物能否变换排列顺序、位置、时间、速度、计划、型号;内部元件可否交换

（续表）

序号	检核项目	含　义
8	能否颠倒	现有的事物能否从里外、上下、左右、前后、横竖、主次、正负、因果等相反的角度颠倒过来用
9	能否组合	能否进行原理组合、材料组合、部件组合、形状组合、功能组合、目的组合

（三）和田十二法

"和田十二法"是我国学者许立言、张福奎在奥斯本检核表法的基础上把小学生们在发明创造活动中所采用的技法加以创造而提出的一种思维技法。它既是对奥斯本检核表法的一种继承，又是一种大胆的创新。

> 国弈不废旧谱，而不执旧谱；国医不泥古方，而不离古方。
> ——(清)纪昀

同时，这些技法更通俗易懂、简便易行，便于推广。因此，"和田十二法"又称"十二种聪明办法"。这十二种方法具体如下。

① 加一加：加高、加厚、加多、组合等。

② 减一减：减轻、减少、省略等。

③ 扩一扩：放大、扩大、提高功效等。

④ 变一变：变形状、颜色、气味、音响、次序等。

⑤ 改一改：改缺点，改不便、不足之处。

⑥ 缩一缩：压缩、缩小、微型化。

⑦ 联一联：原因和结果有何联系，把某些东西联系起来。

⑧ 学一学：模仿形状、结构、方法，学习先进。

⑨ 代一代：用别的材料代替，用别的方法代替。

⑩ 搬一搬：移作他用。

⑪ 反一反：能否颠倒一下。

⑫ 定一定：定个界限、标准，能提高工作效率。

"和田十二法"由于简洁、实用，深受中小学生及工人的欢迎，我国自普及这种方法以来已取得了丰硕的成果。

4.5 逆向转换法

热身活动

有一块形状如图 4-6 所示的木板,准备把它切成两块做成一个十字架,该怎样做?

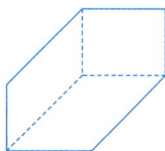

一、逆向转换法的定义

任何事物都包含对立的两个方面,这两个方面又相互依存于一个统一体中。人们在认识事物的过程中,实际上是同时与其正反两个方面在打交道,只不过由于日常生活中人们往往养成一种习惯性思维方式,只看到其中的一方面,而忽视了另一方面。如果逆转一下正常的思路,从反面想问题,便能得出一些具有创新性的设想。

图 4-6 木板

逆向转换法也称逆向头脑风暴法,是一种通过将焦点集中在反对意见上,以获得新创意的小组座谈会形式。逆向转换法是一种小组评价的方法,其主要用途是借以发现某种观念的缺陷,并预期实施这种观念会出现的不良后果。逆向转换法和头脑风暴法类似,唯一不同的是,在逆向转换法中允许提出批评。头脑风暴法是用来刺激创造新观念、新思想的,而逆向转换法则是以批判的眼光揭示某种观念的潜在问题。事实上,这种方法的基本点就是通过提问发现创意的缺点。

二、逆向转换法的分类

(一)逆向反转法

所谓逆向反转法就是反过来看问题。逆向反转法的"逆"可以是方向、位置、过程、功能、原因、结果、优缺点、破(旧)、立(新)等诸方面的逆转,主要包括以下几个方面。

① 原理相反:如制冷与制热、电动机与发电机、压缩机与鼓风机等。

② 功能相反:这是指从已有事物的相反功能出发设想新的技术发明或寻求解决问题的新途径,它既可以是功能的直接反转,也可以是功能提供方式的反转,如利用保温瓶(保热)装冰(保冷)。

③ 过程相反:如吹尘与吸尘。

④ 位置相反:如改变野生动物园中人和动物的位置。

⑤ 因果相反:这是指通过改变已有事物的因果关系来引发创意和解决问题的新思路。原因结果互相反转,即从果到因,如数学运算中从结果倒推原因,以检查运算是否正确。

⑥ 程序相反:如科学假设与实验验证。

⑦ 观念相反:如从大而全到专门化,从以产定销到以销定产。

⑧ 结构逆向：这是指从已有事物的相反结构形式去设想新的技术发明和解决问题的思路。

（二）问题转换法

物理学中对于一些看不见、摸不着的现象或不易直接测量的物理量，通常用一些非常直观的现象去认识或用易测量的物理量间接测量，这种研究问题的方法叫"问题转换法"，主要是指在保证效果相同的前提下，将不可见、不易见的现象转换成可见、易见的现象；将陌生、复杂的问题转换成熟悉、简单的问题；将难以测量或测准的物理量转换为能够测量或测准的物理量的方法。初中物理在研究概念规律和实验中多处应用了这种方法。

问题转换法的特点：可以把复杂的问题简单化，把有困难的问题转化为容易解决的问题，从而使问题得到最终解决。要实现转换，一定要了解事物之间的相互转换的关系，只有洞察关系才能进行适当的转换。

（三）缺点逆用法

缺点逆用法是指对某一事物所有的缺点不是单纯的逃避和克服，而是通过一定的手段巧妙地加以利用的一种技术。

缺点逆用法的注意事项：必须深刻认识事物的缺点以及缺点转化的条件，然后创造条件使缺点转化为优点。缺点逆用法不仅克服了事物的缺点，而且利用了缺点，但是缺点的逆用需要一定的技术条件。

4.6　创造需求法

热身活动

为了提高奶昔销量，麦当劳专门做了"问卷调查"，询问用户"要怎样改进奶昔，您才会买更多呢？再多点巧克力吗"这类问题。奇怪的是，根据这些反馈，奶昔确实越做越好，但销量并没增加。于是，他们请哈佛商学院的教授、畅销书《创新者的窘境》的作者克莱顿·克里斯坦森来帮助解决这个问题。

克莱顿派人在麦当劳里观察了一整天，发现40%的奶昔都是早上被买走的。奇怪，早上不是应该吃汉堡吗？他做了"用户访谈"才知道，很多顾客早上开车上班，路上很无聊，想找点东西吃。奶昔很稠，能喝很久，有吸管，可以放在汽车杯架上，还不会弄脏衣服，是最合适的选择。

于是麦当劳把奶昔做得更稠了，把奶昔机搬到柜台前，让顾客刷卡自取。最后，奶昔的销量大大提高。

麦当劳做的"问卷调查"存在什么问题？克莱顿帮麦当劳提高奶昔销量的过程中，采用了什么方法？

一、创造需求法的定义

创造需求法是指寻求人们想要得到的东西,并给予他们、满足他们的一种创新技法。

人们需要什么,是非常难以捉摸的,如果找到了这一需求,尤其是当有这种需求的人很多时,就可以取得了不起的成就。创造需求的关键,就是要将人们内心模糊的希望和能消除不满的东西具体化。

二、创造需求法的类型

(一)观察生活法

只要留心自己和他人在日常生活中的不便、不满和希望,就会发现创新的机会。例如,英国有位叫曼尼的女士,她的长筒丝袜总是往下掉,上街上班,丝袜掉下来是很尴尬的事情。她询问了许多同事,她们也有同感。面对大家的需求,她灵机一动,开了一间专售不易滑落的袜子的店,大受女顾客的青睐。现在,曼尼设在美、日、法三国的袜子店已多达120多家。

做一个善于观察生活和捕捉机遇的有心人,并将日常观察与自己的创新意识结合起来,一定可以成就一番事业。

(二)顺应潮流法

这种方法是指顺着消费者追求流行的心理来把握创新机遇的技巧。生活中有很多新潮流,新的生活潮流使人们产生了种种希望和需求。观察社会,适应社会需求,遇到什么问题就研究什么问题,就能推出顺应潮流的产品。

住高楼大厦的人越来越多了,擦玻璃有不少困难,一不小心就会发生伤亡事故。为解决这一问题,日本企业制造了一种安全玻璃擦拭器。这种擦拭器能在室内将玻璃擦拭干净,既安全,又省时。它由两块磁铁和含有清洁剂的泡沫塑料擦板组成。当两块擦板隔着玻璃互相吸引后,只要移动里面的擦板,外边的玻璃也就随之擦干净了。

(三)艺术升格法

对一些市场饱和的日用消费品进行艺术嫁接之类的深加工,以此提高产品的档次、形象和身价,以求在更高层次的消费领域里拓展新的市场的方法称为艺术升格法。

蔬菜水果,是无地不产、货多价贱的东西。而一些手艺人在平凡无奇的西瓜上雕刻了各种各样喜庆吉祥的图案后,西瓜立即就变成了抢手货。在成都,有一段时间萝卜滞销,后来出现萝卜雕花热,将红、白萝卜雕成牡丹、芍药、茶花、桃花等花样,并点染得五颜六色,插上青枝绿叶,十分新颖,销售势头立即转热。

(四)引申需求链条法

一种新产品诞生后,有可能带动若干相关或类似产品的出现。这种现象叫作"不尽的链条",它表明产品需求具有延伸性。找出某一产品的延伸性需求进行创新活动,就是引申需求链条法。卖花草鱼鸟的地方,必有卖花盆、鱼缸、鸟笼的。反过来从"生意经"角度来讲,别人卖鱼,我就卖鱼缸;别人卖花,我就卖花盆;别人卖油,我就卖油桶。这种引申需求比较直观,有些需求则需要认真调查研究一番才能引申出来。创新者可以顺着"不尽的链条"获得很多新设想、新创意。

(五)预测需求法

预测需求法是指通过预测未来市场需求,积极提前准备,在需求到来时能满足需求的创新技法。明天的需求潜伏在人们的心里,不显山不露水,它在等待时间的推移和市场的变化。谁善于在浩如烟海的信息海洋中分析和预测出人们未来的消费需求,谁就能事半功倍地赢得市场和效益。可以用调查研究的方法,对各种各样的信息进行分析与预测,预见未来。

例如,20世纪80年代初,18英寸彩电在我国城市成为抢手货,14英寸彩电滞销。全国众多彩电厂家都转向生产18英寸彩电,致使14英寸彩管大量积压。这时长虹公司却独具慧眼,看到国家当时已提高了皮棉收购价,其他农副产品的收购价也势必会逐步提高,认定14英寸彩电将在农村大有市场。他们果断地买回大批14英寸彩管,继续生产这种规格的彩电,结果正如事前所料,他们的产品在农村的销售市场不断拓宽,经营规模迅速扩大。

实操训练1

头脑风暴法训练

以小组为单位,就"追星"开展头脑风暴会议,记录下你能想到的所有想法。

表4-4　关于"追星"的思考

序号	想　　法
1	
2	

实操训练2

列举分析法训练

1. 运用列举法对眼镜提出改进。

希望点:

改进设想:

2. 对本地区电视台栏目开设及建设提出希望点与改进措施。

希望点：

改进设想：

3. 就本课程训练中的趣味性要求,提出希望点和改进设想。

希望点：

改进设想：

实操训练3

组合创新法训练

尽可能列举出你所认为的组合创新法产物。

表4-5　组合创新产物

序号	实　　　例
1	
2	

实操训练4

设问检核法训练:通用汽车的检核表

通用汽车公司的职工都持有为开发创造性而采用的检查单,其训练内容如下。

1. 为了提高工作效率,不能利用其他适当的机械吗?

2. 现在使用的设备有无改进的余地?

3. 改变滑板、传送装置等搬运设备的位置或顺序,能否改善操作?

4. 为了同时进行各种操作,不能使用某些特殊的工具或夹具吗?

5. 改变操作顺序能否提高零部件的质量?

6. 不能用更便宜的材料代替目前的材料吗?

7. 改变一下材料的切削方法,不能更经济地利用材料吗?

8. 不能使操作更安全吗?

9. 不能除掉无用的形式吗?

10. 现在的操作不能更简化吗?

尝试站在员工的角度,根据通用汽车的检核表内容,针对通用旗下雪佛兰品牌汽车,做出检核记录。

表4-6　检核记录表

序号	检核记录
1	
2	

实操训练 5

逆向转换法训练:吸尘器的发明

1901年,美国一家生产车厢除尘器的厂家在英国伦敦莱斯特广场的帝国音乐厅举行了一次除尘表演。这种除尘器的工作原理就是用压缩空气把尘埃吹入容器内,所以当时许多现场观众都被吹得灰头土脸的,人们乘兴而来败兴而归。参观了这场示范表演的英国土木工程师布斯认为此法并不高明,因为许多尘埃未能被吹入容器。他动起了脑子,他想:"既然吹尘不行,那么能不能换个方法把吹尘改为吸尘呢?"回到家后,布斯做了个很简单的试验:他用手帕蒙住嘴和鼻子,趴在地上使劲儿吸气,结果灰尘不再到处飞扬,而是被吸附到了手帕上。布斯据此制成了吸尘器,用强力电泵把空气吸入软管,通过布袋将灰尘过滤。1901年8月,布斯取得专利,并成立真空吸尘公司,但并不出售吸尘器。他把用汽油发动机驱动的真空泵装在马车上,挨家挨户服务,把三四条长长的软管从窗子伸进房间吸尘,公司职工都穿上工作服。

日常生活中,煮饭做菜都是把锅架在火的上方,那么这种结构一旦锅内有东西溢出,掉在下方必然产生大量焦烟,不仅很难清洗,更有可能损坏灶具。请你根据生活实际,结合逆向转换法,对该情况进行改进。

_____

_____

_____

实操训练 6

创造需求法训练

中国汽车行业已连续高速增长超过10年,自2018年以来增速首次降为负数,这是我国汽车产业30年来首次负增长。请你根据汽车产业的现状,针对汽车产品特点,结合创造需求法相关知识内容,分析汽车产业存在的问题及破局办法。

问题:_____

解决方案:_____

复习思考题

一、名词解释

1. 头脑风暴法
2. 列举分析法
3. 组合创新法
4. "5W1H"法
5. 逆向转换法

二、单选题

1. 头脑风暴小组人数一般为   (   )

   A. 1—5 人

   B. 5—10 人

   C. 10—15 人

   D. 15—20 人

2. 开展头脑风暴的注意事项不包括   (   )

   A. 具有清晰的目标

   B. 参与者的背景各不相同

   C. 想法越多越好

   D. 老板或主持人成为讨论的推动者

3. 特性列举法的列举角度不包括   (   )

   A. 名词特性

   B. 形容词特性

   C. 动词特性

   D. 副词特性

4. 缺点列举法不包括   (   )

   A. 分解法

   B. 用户调查法

   C. 对照比较法

   D. 会议法

5. 主体附加法的应用不包括   (   )

   A. 电扇加定时器

   B. 双向拉锁

C. 冰箱加温度显示器

D. 电视加遥控器

6. 同类组合法的应用不包括　　　　　　　　　　　　（　　）

   A. 多缸发动机

   B. 双头液化气灶

   C. 录音笔

   D. 双层文具盒

7. 奥斯本检核表法检核项目不包括　　　　　　　　　（　　）

   A. 能否他用

   B. 能否分解

   C. 能否改变

   D. 能否颠倒

8. "和田十二法"不包括　　　　　　　　　　　　　　（　　）

   A. 扩一扩

   B. 联一联

   C. 代一代

   D. 画一画

9. 下列不是原理相反的应用是　　　　　　　　　　　（　　）

   A. 吹尘与吸尘

   B. 制冷与制热

   C. 电动机与发电机

   D. 压缩机与鼓风机

10. 科学假设与实验验证聚焦于逆向反转法的　　　　　（　　）

   A. 原理相反

   B. 程序相反

   C. 因果相反

   D. 功能相反

三、判断题

1. 头脑风暴概念最早来自精神病理学。（　　）

2. 头脑风暴小组最好由相同专业或职业背景者组成。（　　）

3. 列举法要求人们以一丝不苟的态度，对一个熟悉的事物进行重新观察，每个细节都列举出来，从中发现存在的问题，提出改进意见和希望，由此产生新创造。（　　）

4. 列举是人类思维活动的表现形式之一。（　　）

5. 组合创新法是指仅将两个技术因素或按不同技术制成的不同物质，通过巧妙组合或重组，获得具有统一整体功能的新产品、新材料、新工艺等的一种创造方法。（　　）

6. 同类组合是指将两个或两个以上相同或近于相同的事物简单叠合。（　　）

7. 设问检核表法几乎适用于各种类型和场合的创造活动。 （   ）

8. "和田十二法"是我国学者许立言、张福奎在奥斯本检核表法基础上,加以创造而提出的一种思维技法。 （   ）

9. 逆向转换法是一种通过将焦点集中在统一意见上以获得新创意的小组座谈会形式。

（   ）

10. 逆向转换法中不允许提出批评。 （   ）

模块五 TRIZ 创新方法

导读案例

短信的没落

众所周知,在微信发明之前,曾是短信的天下。

1992 年,世界上的第一条短信,在英国沃尔丰的 GSM 网络上,通过 PC 向移动电话发送成功。那时谁也不会想到,这项价格低廉的文本信息服务,多年后会对人们的生活产生无比巨大的影响。

据考证,早在 1994 年,中国移动就具备了短信功能。从 1998 年开始,移动、联通大规模拓展短信业务。2000 年,中国手机短信息量突破 10 亿条。2001 年,达到 189 亿条。2004 年,数字飞涨到 900 亿条。根据工信部公布的统计数据显示,2012 年全国移动短信发送量达到 8 973.1 亿条。

可是,当初如此兴盛的短信,今天为什么会凋零不堪呢?原因就在于通信公司思维僵化,只知道靠收短信服务费赚钱。曾有学者建议移动公司取消短信费,想办法开发衍生服务,从而间接赚钱,但是却没有被采纳。结果,当免费的微信问世后,短信便被用户打入冷宫。而微信虽然是免费的,但腾讯却在衍生服务上大赚特赚。

在科技飞速发展的今天,商场如战场,瞬息万变,按固有的思维去想问题,往往很难生存。从微信的例子上可以看出,有偿服务很难开拓市场,而免费服务却能成为吸金利器。

小组活动

1. 短信服务如今为何会难以生存?
2. 相比短信,创新方法如何在微信中得以体现?

5.1 TRIZ 理论概述

热身活动

有 9 小袋茶叶,其中有一袋重量不标准,轻了一些。请你用天平,只称 2 次把它找出来。

在面对复杂问题的时候，单一的专业知识往往不足以满足解决问题和创意思考的需要。这是因为，创造者往往会被自己所熟悉的方法和原有的思维方式所禁锢，不会取得突破性的发明和创新发展。因此，人们的创意思考需要依靠一种有效的问题解决理论作为指导和方法论依据。

> 你能等上100年得到启发，或者你能用TRIZ原则在15分钟内解决问题。
>
> ——阿奇舒勒

TRIZ来源于俄文"发明问题的解决理论"的首字母缩写，根里奇·阿奇舒勒是TRIZ理论之父。他提出了解决各种技术矛盾和物理矛盾的创新原理和法则，进而构建了一个由解决技术问题、实现创意思考和创新开发的各种算法组成的综合理论体系，也随之形成了TRIZ理论体系。

TRIZ理论正是这样一种理论，它运用跨学科的方法帮助人们克服思维障碍，避免使用效率低下的盲目试错法，拒绝妥协和折中办法，直接寻求有效的问题解决方案。TRIZ理论是当前最有价值的科学思考与学习方法之一。

TRIZ理论体系主要包括9个部分：八大技术系统进化路径、最终理想解IFR（Ideal Final Result）、40个发明原理、39个通用工程参数和矛盾矩阵、无力矛盾和分离原理、物—场模型分析、标准解法、发明问题标准算法（ARIZ）、物理效应库。TRIZ理论体系的内容分为术语、工具、算法三大部分，各部分的构成如图5-1所示。

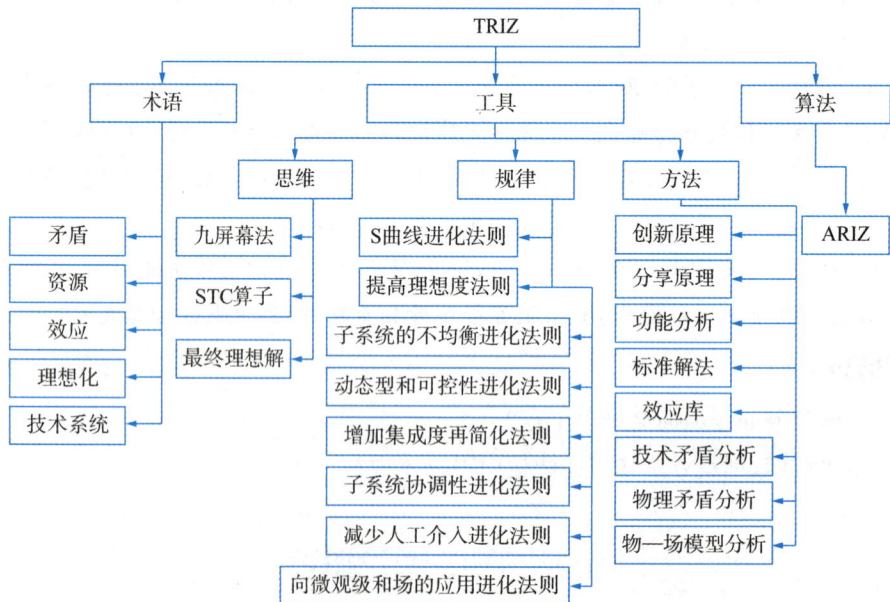

图5-1 TRIZ的理论体系

1946年，作为一名苏联海军专利调查员，阿奇舒勒有机会接触和阅读大量专利，他注意到在这些独立的专利中存在一些解决问题的通用模式，于是他开始专注对专利的分析。

一开始,他发现这些专利使用了 40 个发明原理解决了 39 个参数之间的矛盾,于是他把 1 到 40 的数字分别作为这些发明原理的代号,把 1 到 39 的数字分别用作 39 个参数的代号,把解决这些参数之间的矛盾所用到的发明原理填到了一个 39×39 的表格中,形成了著名的阿奇舒勒矛盾矩阵表。研究人员只要正确找到矛盾双方的两个参数所对应的参数代号,根据这个矩阵表就可以很方便地找到解决这一对矛盾所用的几个发明原理的代号。由此可以发现,采用 TRIZ 解决发明问题不依赖灵感,从而使得发明变得人人可以做到,打破了创造发明的神秘感。

1954 年,阿奇舒勒撰写了关于 TRIZ 的第一篇论文,并随后出版了一系列著作,逐渐形成了 TRIZ 方法论。其一生共写了 14 本专著,并与学生合著了几本,其中《发明者的突然出现》和《创造性科学》两本被译成英文。1970 年,阿齐舒勒在巴库(Baku)开设了一所 TRIZ 学校,并招收了几十名学生继续传授和研究 TRIZ。这些学生分布于苏联全国,一些优秀的学生后来成了他的助手,如就职于 Ideation 国际有限公司的 TRIZ 专家 Boris Zotin 和 Ala Zusman 等。

20 世纪 90 年代,随着苏联的解体,一批苏联 TRIZ 专家分别移民进入了欧洲和美国,西方国家开始接触和学习 TRIZ。1991 年,第一篇 TRIZ 文章在美国正式发表,意味着 TRIZ 在美国落户。1992 年,美国一些公司开始了 TRIZ 的咨询和软件开发工作。1997 年左右,TRIZ 被正式引进日本,东京大学专门成立了 TRIZ 研究团体。1995 年,Osaka Gakuin 大学建立了 TRIZ

> 发明不一定都是从无到有创造出新的东西。大多数时候,发明就是以某种方式把已知的东西变成新的,用不同的方式使用熟悉的东西,这种发明跟原创构想一样意义重大。
> ——史蒂文·佩利

网站。网站语言起先是日文,但为了方便国际交流,Toru Nakagawa 开始将日文文章逐渐翻译成英文,该网站由此提供英日两种版本。自 1997 年起,作为美国 IMC 在日本的主要代理机构,日本著名的思想库——三菱研究院开始向日本和亚太地区的企业提供 TRIZ 培训和软件产品。目前它已拥有 100 多个公司用户,数以千计的工程师和研究人员接受了它提供的 TRIZ 方法培训。三洋管理研究所也成立了 TRIZ 小组,专门负责向制造企业、大学和研究机构开办学术讲座、TRIZ 培训和咨询。2000 年 10 月,欧洲 TRIZ 协会(ETRIZA)成立,旨在推进 TRIZ 在欧洲的研究和发展。除了美日欧等外,韩国、保加利亚、印度等十余个国家也相继有科学家或团体对 TRIZ 开展了研究。2004 年,TRIZ 传入中国。2008 年,科技部、发改委、教育部、中国科协联合发文,要求加强包括 TRIZ 等创新方法的推广应用。

近年来,TRIZ 引起了质量工程界的极大兴趣,许多世界级公司,如福特、施乐也开始应用 TRIZ 进行产品创新。在过去的几年中,SONY、MOTOROLA、惠普、3M(美)有超过 30% 的收入来源于创新战略,而 SONY 每年要推出 50 种新型产品,TRIZ 目前已成为解决创新性问题最有力的方法。韩国的三星集团是国际上推广应用 TRIZ 方法比较成功的公司。

5.2 TRIZ 的核心思想

两个盲人，把一样大的黑、白两块布搞混了。他们自己怎么分开？

一、TRIZ 的理论体系

阿齐舒勒在专利研究中发现技术系统的演变遵循一些重要规律，这些规律对于产品的开发创新具有重要的指导作用。他总结了技术系统演变的 8 个模式。

① 技术系统演变遵循产生、成长、成熟和衰退的生命周期。

② 技术系统演变的趋势是提升理想状态（提升理想度）。

③ 矛盾是由于系统中子系统开发的不均匀性导致的。

④ 首先是部件匹配，然后失配。

⑤ 技术系统首先向复杂化演进。

⑥ 从宏观系统向微观系统转变，即向小型化和增加使用能量场演进。

⑦ 技术向增加动态性和可控性发展。

⑧ 向增加自动化减少人工介入演变。

在这 8 个模式中，提升理想状态或理想度是 TRIZ 理论中非常重要的概念，它为创造性问题的解决指明了努力的方向。理想度的定义是技术系统中所有有用效果（包括系统发挥作用的所有有价值的效果）和有害效果（成本、能量消耗、风险等）的比值。理想状态的技术系统是不存在的，但任何改进必须致力于提升理想度。

① 充分利用系统内可用资源（包括空间、时间、物质、能量、信息、功能等）。

② 应用物理、化学等现象节省资源或简化系统。例如，制造钢筋混凝土时，灌混凝土前需要拉紧加强筋，可根据"热胀冷缩"这一物理现象对其先加热，然后自行冷却，可以代替原先用于拉紧的液压系统、8 个模式中还包括副模式，如"从单一到成双或复合系统"是模式 5 的副模式，后来的研究共产生了 250 多个模式和副模式。

大卫·弗莱德伯格的天气保险公司

天气保险公司主要研发一种负责气象保险的软件，意在鼓励农民购买农作物气象保险，降低因恶劣天气造成的损失。这家新型的保险公司发展特别迅速，但有趣的是，公司里的所有员工，甚至创始人大卫·弗莱德伯格自己也从未正式学习过气象学或农学。大卫·弗莱德伯格本来是学天体物理学的，做过一段时间的投资银行家，后来在谷歌负责战略开发工作。其他的员工也曾从事过不同行业,有的是数学家,有的是工程师,甚至有的是神经学家。但正是这种不同的专业背景和知识使他们能够快速适应新工作的需要,如经过正规培养的神经学家往往善于分析复杂的、瞬息变化的数据。这种能力使他能迅速高效地分析天气数据,发现天气变化的规律。不久之后,凭借以往的工作经验,员工们很快就可以掌握相关的气象学或农学知识,这些知识也将会是他们从事下一个新行业时的参考。

——[美]蒂娜·齐莉格:《11 堂斯坦福创意课》,秦许可译,吉林出版集团股份有限公司,2016 年版

二、TRIZ 理论的核心思想

> 只有自信的国家和民族,才能在通往未来的道路上行稳致远。树高叶茂,系于根深。自力更生是中华民族自立于世界民族之林的奋斗基点,自主创新是我们攀登世界科技高峰的必由之路。
> ——2018 年 5 月 28 日,习近平在中国科学院第十九次院士大会、中国工程院第十四次院士大会上的讲话

TRIZ 是一套系统性的、基于知识的创新方法体系,囊括了创新的思维、分析工具以及基于知识的解题工具等。其中,用于辅助创新的思维方法有九屏幕法、IFR 法、小人法、STC 算法等;用于分析问题的工具包含矛盾分析、物—场分析、功能分析以及 ARIZ 算法;用于解决问题的基于知识的工具包括 40 条创新原理、76 个标准解、效应数据库。这些为应用 TRIZ 进行创新提供了大量的理论与工具的支撑,使其具有更好的操作性及实用性,并被广泛地推广应用。

① 无论是一个简单产品还是复杂的技术系统,其核心技术的发展都是遵循客观的规律发展演变的,即具有客观的进化规律和模式。

② 各种技术难题和矛盾的不断解决是推动这种进化过程的动力。

③ 技术系统发展的理想状态是用最少的资源实现最大效益的功能。

国内学者将 TRIZ 理论归纳为"1141 体系",即一个技术系统进化法则;一种寻求最终理想解的思想;四类分析模型(技术矛盾与发明原理、物理矛盾与分离方法、物场模型与标准解、HOWTO 模型与知识库);一种算法——发明问题解决算法(ARIZ)。

5.3　TRIZ 的主要工具

一、矛盾矩阵和 40 个创新原理

当我们解决问题时,如果已经知道解决问题的所有步骤,这种问题叫作常规问题;如

果其中至少有一个步骤是未知或无法确定的,则这种问题叫作创新问题。TRIZ 认为,创新问题至少包含一个具有矛盾的问题。当技术系统的参数 A 被改进,参数 B 可能恶化了,这两个不同参数之间的冲突称为技术矛盾。例如,如果需要汽车速度更快,就会更加耗油,经济性就会降低。解决技术矛盾时,传统的方法是采用参数优化设计,对各个参数进行综合设定。为了照顾相互矛盾的两个参数,每个参数可能都不是最佳值,这种设计思想被称为"折中设计",而 TRIZ 追求的是如何减弱和消除冲突,即所谓"无折中设计"。阿齐舒勒从 40 000 个发明专利中发现,这些专利大部分是使用了 40 个发明原理来解决 39 个参数之间的矛盾。他把这些参数分别编号并按顺序放置于一张表的行和列中,行号代表需要改进的参数,列号代表同时引起恶化的参数,行和列的每个交叉点就是解决这一对参数冲突所需要应用的原理,这样就构成了 39×39 的矛盾矩阵。为了解决这些矛盾,阿齐舒勒总结了 40 个创新原理,为每对矛盾分别列出了几项创新原理。研究人员只需看清矛盾,直接选用相关原理就可找到解决问题的办法。

除了技术矛盾,TRIZ 还定义了另外一种矛盾——物理矛盾,即系统对某一个参数(或性能)同时具有相反的要求。例如,我们钓鱼时,希望钓鱼竿长些,但是我们不钓鱼时,又希望钓鱼竿短些。又如,我们在处理牛奶时,从灭菌效果好的角度考虑,希望灭菌温度高些,但是从保持营养的角度,我们又希望灭菌温度低一些。这样对钓鱼竿长度和牛奶处理的温度在不同的角度就有不同的要求,这种对同一个参数有不同要求的矛盾,就称为物理矛盾。物理矛盾可以通过分离的方法来解决。TRIZ 提供了四种主要的分离原理:①空间分离;②时间分离;③部分与整体分离;④按条件分离。

二、物—场分析(Substance-Field Analysis)与 76 项标准解

物—场分析是 TRIZ 对与现有技术系统相关的问题建立模型的重要工具之一。技术系统中最小的单元由两个元素以及两个元素间传递的能量组成,执行一个功能。阿齐舒勒把功能定义为两个物质(元素)与作用于它们中的场(能量)之间的相互作用,即物质 S_2 通过场 F(能量)作用于物质 S_1 产生的输出(功能)。为了快速构建物—场模型并解决基于技术系统演化模式的标准问题,TRIZ 提供了 76 个标准解决方法,并将这些方法分为五类:①建立或破坏物场;②开发物场;③从基础系统向高级系统或微观等级转变;④度量或检测技术系统内一切事物;⑤描述如何在技术系统引入物质或场。发明者首先要根据物—场模型识别问题的类型,然后选择相应的标准方法。在目前的 TRIZ 软件中,标准解决方法已经超过了 200 个,而且每个方法都有数个来自不同领域的技术和专利举例。

三、科学和技术效应库(Scientific and Technical Effect Database)

科学和技术效应库又称科学效应库,是 TRIZ 最容易应用的工具之一。科学和技术效应库中集中包括了物理、化学、几何学等方面的科学发现、专利和技术成果,可以说是集中了人类对自然科学研究的科学发现和智慧,是全人类的宝贵财富。由于寿命和经历的

限制,每人都不可能全部掌握这些科学知识,但是我们可以利用科学效应库,根据所需要实现的功能来找到实现这些功能相对应的科学效应,从源头上产生新的发明。

在传统的专利库中,专利成果都是按专利名称或发明者名字进行登记的,而不是按照实现的功能进行登记。如果需要实现特定功能,发明者就难以找到与类似技术相关的人。由于发明者可能除了自身领域外对其他领域并不熟悉,这样借鉴其他领域的技术成果就比较困难。为解决这一问题,1965—1970 年,阿齐舒勒与同事开始以"从技术目标到实现方法"的方式组织成果数据库。这样,发明者就可以根据需要实现的基本功能(技术目标),利用科学效应库找到实现该功能相关的科学效应;再根据这些效应,可以很方便地找到相应的解决方案。

📖 拓展阅读

克隆瓜果模

陈陈只有八岁,上小学三年级。一天,陈陈吃完西瓜,问爸爸西瓜是怎么长出来的。父亲说,只要将西瓜籽种到地里,过不了多久,就会长出西瓜苗,并慢慢结出西瓜来。父亲只是简单介绍了西瓜成长的知识,但好奇的陈陈却行动起来了。

陈陈按照父亲的介绍,将西瓜籽种了下去。不久,西瓜长苗、开花、挂小果了,陈陈很高兴。可谁知,一天早上,陈陈发现拇指大小的小西瓜被老鼠吃掉两个,心里难过极了。陈陈向父亲请教方法,父亲让陈陈自己思考。陈陈想,得找个办法将小西瓜保护起来。于是,他找来玻璃瓶、易拉罐、塑料瓶将小西瓜一一套起来,让老鼠吃不到。几天过去了,日渐长大的小西瓜被瓶颈卡住,出不来了。陈陈想,再过几天,看看小西瓜的力气有多大,能不能将玻璃瓶胀破。却也怪了,一个星期过去了,小西瓜非但没有胀破瓶子,倒顺着瓶子的边缘继续生长,变成圆柱体的西瓜了。陈陈觉得很有意思,继而又想,如果用方形或者葫芦形的瓶子套在西瓜上,能不能长出方形、葫芦形的西瓜? 如果西瓜的形状可以人为控制,那其他瓜果能不能呢? 好奇心促使陈陈提出了一大串问题,得到了很多收获。在父亲的帮助下,陈陈提出"克隆瓜果模"的创意,并向国家申请了专利。

——温兆麟、周艳、刘向阳:《创新思维的培养》,清华大学出版社,2016 年版

四、ARIZ(Algorithm for Inventive-problem Solving)

> 中国要强盛、要复兴,就一定要大力发展科学技术,努力成为世界主要科学中心和创新高地。
> ——2018 年 5 月 28 日,习近平在中国科学院第十九次院士大会、中国工程院第十四次院士大会上的讲话

ARIZ 是发明问题解决算法,是 TRIZ 理论中的一个主要分析问题、解决问题的方法,其目标是为了解决问题的物理矛盾。对于某些复杂问题,由于难以发现明显的矛盾,不能

直接依靠矛盾矩阵或物—场分析解决,必须对其进行分步分析并构建矛盾。它是一个对初始问题进行一系列变形及再定义等非计算性的逻辑过程,实现对问题的逐步深入分析和转化,最终解决问题。TRIZ 认为,一个创新问题解决的困难程度取决于对该问题的描述和问题的标准化程度:描述得越清楚、问题的标准化程度越高,问题就越容易解决。ARIZ 中,创新问题求解的过程是对问题不断地描述、不断地标准化的过程,在这一过程中,初始问题最根本的矛盾被清晰地显现出来。ARIZ 是为复杂问题提供简单化解决方法的逻辑结构化过程,是 TRIZ 的核心分析工具。随着时间的推移,ARIZ 出现了多个版本,主要有 1977、1985 和 1991 版本,各个版本之间的差异在于设计步骤的数目不同。目前,85 版和 91 版均包括 9 个步骤。

步骤 1:识别并对问题公式化,使用的方法是创新环境调查表(ISQ);

步骤 2:构造存在问题部分的物—场模式;

步骤 3:定义理想状态和 IFR;

步骤 4:列出技术系统的可用资源;

步骤 5:向效果数据库寻求类似的解决方法;

步骤 6:根据创新原理或分离原理解决技术或物质矛盾;

步骤 7:从物—场模型出发,应用知识数据库(76 个标准和效果库)工具产生多个解决方法;

步骤 8:选择采用系统可用资源的方法;

步骤 9:对改进完毕的系统进行分析,防止出现新的缺陷。

对企业工程师来说,应用 ARIZ 过于庞杂,另外,传统的 ARIZ 还存在一些没有完全解决的缺陷,如目前的知识库还没有包含信息技术和生物技术的成果。因此,为了适应现代产品设计的需要,TRIZ 不得不面临自身现代化的问题,这是当前国际上 TRIZ 研究的重点之一。

除了 TRIZ 之外,近 50 年来,质量工程领域还产生了许多重要的产品设计方法,如 QFD、田口方法、FMEA(故障模式和影响分析)等,这些方法在产品设计的某个步骤或方面存在自身的优势和不足,因此将它们进行整合和相互补充是现代 TRIZ 研究的另一个重点。

实操训练 1

趣 味 测 试

下面这 10 个题目,假如比较符合自己的情况就回答"是",不符合的情况回答"否",拿不准的就回答"不确定"。

1. 你善于分析问题,但是不擅长对分析结果进行综合、提炼。

2. 对那些经常做没把握事情的人,你不看好他们。

3. 你的兴趣在于不断提出新的建议,而不在于说服别人去接受这些建议。

4. 你审美能力较强。

5. 你常常凭直觉来判断问题的正确与错误。

6. 你不喜欢提那些显得无知的问题。

7. 无论什么问题,让你产生兴趣,总比让别人产生兴趣要困难得多。

8. 你喜欢那些一门心思埋头苦干的人。

9. 你认为那些使用古怪和生僻词语的作家,纯粹是为了炫耀。

10. 你做事总是有的放矢,不盲目行事。

评分标准见表 5-1。

表 5-1　自测评分表

题号	是	不确定	否	你的得分
1	1分	0分	2分	
2	0分	1分	2分	
3	2分	1分	0分	
4	3分	0分	1分	
5	4分	0分	2分	
6	0分	1分	3分	
7	0分	1分	4分	
8	0分	1分	2分	
9	1分	0分	2分	
10	0分	1分	2分	

得分评价:

1. 假如得分是 22 分以上,说明你的创新思维能力比较高,适合从事一些约束较少、环境自由、对创新能力有着比较高的要求的职位,如装潢设计、美编、工程设计、编程等。

2. 假如得分是 11—21 分,说明你比较善于在习惯做法和创新之间达到平衡,拥有一定创新意识,适合从事管理或者是与别人有着较多打交道的地方的工作,如市场营销等。

3. 假如得分是 10 分以下,说明你的创新思维能力比较缺乏,属于那种循规蹈矩的人,做人一丝不苟、有板有眼,适合做纪律性要求比较高的工作,如质量监督员、会计等。

实操训练 2

用 TRIZ 理论解决问题

主题:了解 TRIZ 理论

目标:尝试运用 TRIZ 理论解决问题

时间：10 分钟

步骤：

1. 划分小组，采用随机的方法进行分组，每组 4—6 人为宜。

2. 以小组为单位，思考以下两个问题该如何解决：

①古埃及人修金字塔时，怎么样让金字塔的地基保持水平？

②在家庭装修中怎样让厨房墙面上的两块瓷砖高度相等？

3. 小组派代表发言，老师做总结。

复习思考题

一、名词解释

1. TRIZ 理论

2. 物—场模型

3. STC 算法

4. ARIZ 算法

二、单选题

1. 最早提出创新这个词的是 （　　）

    A. 彼得·德鲁克

    B. 彼得·圣吉

    C. 肯特

    D. 约瑟夫熊-彼得

2. TRIZ 理论的产生基于对（　　）方面内容的研究。

    A. 技术

    B. 发明

    C. 专利

    D. 成果

3. 技术系统之外的系统，我们称之为 （　　）

    A. 外系统

    B. 子系统

    C. 系统组件

    D. 超系统

4. 阿奇舒勒将发明创新划分成了 5 个级别，其中大型发明问题是 （　　）

    A. 一级发明

    B. 五级发明

    C. 三级发明

    D. 四级发明

5. 最终理想结果——IFR（Ideal Final Result）是系统处于理想状态的解。技术系统在

（　　）改变的情况下能够实现最大程度的自服务。

A. 最大程度

B. 最小程度

C. 零

D. 相应程度

6. TRIZ 理论能够帮助我们打破阻碍影响我们创新的　　　　　　　　　（　　）

A. 动力

B. 结构

C. 思维惯性

D. 速度

三、判断题

1. 熊彼得认为，创新有五种情况：一是引入一种新产品；二是引入一种新的生产方法（新工艺）；三是获得原材料或半成品的一种新的供应来源（新材料）；四是实现经济利润；五是实现新的组织形式和管理模式。（　　）

2. 根据研究的范围和对象的不同，有时技术系统会演变成为超系统或子系统。（　　）

3. 要想提高理想度，要么增加有用功能，要么减少有害功能，要么降低成本，或者是几种方法的组合。（　　）

4. 技术系统的理想化水平与有用功能之和成正比。（　　）

5. 技术矛盾描述了技术系统中一个或两个参数之间的矛盾。（　　）

6. TRIZ 理论中，解决技术矛盾的工具是创新原理。（　　）

模块六 提升创新能力

每天进步一点点

诺贝尔奖获得者巴雷尼小时候因病致残,他母亲的心就像刀绞一样,但她还是强忍住自己的悲痛。她想,孩子现在最需要的是鼓励和帮助,而不是妈妈的眼泪。母亲来到巴雷尼的病床前,拉着他的手说:"孩子,妈妈相信你是个有志气的人,希望你能用自己的双腿,在人生的道路上勇敢地走下去!好吧,雷尼,你能够答应妈妈吗?"母亲的话像铁锤一样撞击着巴雷尼的心扉,他哇的一声扑到母亲怀里大哭起来。

从那以后,妈妈只要一有空,就给巴雷尼练习走路、做体操,常常累得满头大汗。母亲的榜样作用更是深深教育了巴雷尼,他终于经受住了命运给他的严酷打击。

巴雷尼始终相信先天的不足是可以通过后天的努力弥补的,只有不断提升自我,坚持每天进步一点点,才能够实现自身的价值。因此,他刻苦学习,不断进行自我提升。最后,他以优异的成绩考进了维也纳大学医学院。大学毕业后,巴雷尼以全部精力致力于耳科神经学的研究,最终登上了诺贝尔生理学或医学奖的领奖台。

小组活动

1. 看完巴雷尼的故事,思考你是如何"每天进步一点点"的。
2. 你是如何理解"不进则退"的含义的呢?

6.1 自我提升的基本途径

热身活动

天生我才,学会欣赏自己。

我最欣赏自己的外表是＿＿＿＿＿＿＿＿＿＿＿＿＿＿＿＿＿

我最欣赏自己对朋友的态度是＿＿＿＿＿＿＿＿＿＿＿＿＿＿＿

我最欣赏自己对学习的态度是＿＿＿＿＿＿＿＿＿＿＿＿＿＿

我最欣赏自己的第一次成功是＿＿＿＿＿＿＿＿＿＿＿＿＿＿

我最欣赏自己的性格是＿＿＿＿＿＿＿＿＿＿＿＿＿＿＿＿＿

我最欣赏自己对家人的态度是＿＿＿＿＿＿＿＿＿＿＿＿＿＿

我最欣赏自己做事的态度是＿＿＿＿＿＿＿＿＿＿＿＿＿＿＿

现实生活中,只有少部分人能够在没有偏见的情况下认识自己,而剩下的人中,有的人会高估自己,表现出自我提升的偏见;有的人则会低估自己,表现出自我贬损的偏见。人在自我意识的过程中产生的积极的自我偏见是自我提升,简而言之,自我提升意味着个人对于完善自己的渴望,通过自我提升,人们希望从中获得一定的满足感。

> "人才有高下,知物由学。"梦想从学习开始,事业靠本领成就。广大青年要自觉加强学习,不断增强本领。人生的黄金时期在青年。青年时期学识基础厚实不厚实,影响甚至决定自己的一生。广大青年要如饥似渴、孜孜不倦学习,既多读有字之书,也多读无字之书,注重学习人生经验和社会知识。
>
> ——2016年4月26日,习近平在知识分子、劳动模范、青年代表座谈会上的讲话

一、自我提升的意义

自我,是一种观念。它指的是我们固执地认为有一个主体——自我——真实不虚地存在着。自我是整个人格的核心,也是人格心理学研究领域最受关注的话题之一。这个竞争激烈的社会,遵循优胜劣汰的法则,弱者最终将被淘汰。有句话说得好:"长江后浪推前浪,一代新人胜旧人。"你若不坚持,不努力,不进行自我提升,那你便始终在原地徘徊或不停地后退。

(一)促进自我激励

自我激励在个人发展中的作用不容低估:一方面,它指导自我意识,保持自我体验,控制自我调节,对自我发展至关重要;另一方面,自我激励也会通过多种形式改变人们的情绪、认知、健康和行为,对个人身心有所影响。在许多自我激励中,自我提升是一种代表性的自我激励。在提升的过程中,激励数值逐步增长,内心驱动因素也随之增加。从创业者的角度而言,需要在自我提升的过程中体验创业成就,寻找幸福感和满足感,使自己感觉创业的过程价值非凡,从而在创业实践中发挥最大的潜能,积极应对创业过程中的困难。

(二)满足自我实现

自我实现是指个体的各种才能和潜能在适宜的社会环境中得以充分发挥,实现个人理想和抱负的过程,亦指个体身心潜能得到充分发挥的境界。美国心理学家马斯洛认为,

这是个体对追求未来最高成就的人格倾向性，是人的最高层次的需要。大学生有着自我控制及独立自主的渴望，同时也已经开始了自己的人生追求，总希望寻找机会去实现自己的梦想和计划。大学生对创新创业等实践活动有着浓厚的兴趣，愿意冒险，希望通过各种方式实现自己的理想、发挥自己的才能、体现自己的价值。大学生在自我实现期望的驱动下，不断进步，树立信心，产生创业等活动的动机，最终实现梦想。

（三）加快社会进步

马克思的全面发展，体现在人的全面发展以及人类社会关系的发展和丰富等。大学生的自我提升是大学生成长成才的自我需要，同时是坚持马克思主义教育观和人才管理的必然选择，也是实现中华民族伟大复兴的迫切需要。在知识经济时代，知识的旧循环在缩短，知识增长的速度在加快，知识转移的速度也在迅速提升。想要在这种情况下成才的大学生，需要掌握广泛、强大、高度适应和高度概括的核心知识；需要有忧患意识，要主动改变自己，全面提高自我能力；更要积极树立相应的创新意识和竞争意识，合理运用自己的知识，敏锐地观察就业趋势的方向，武装自己，使自己成为创新型人才，增强企业的核心竞争力。

二、自我提升的界定

人是有意识的自我意识的存在物，充分了解自我，清楚进行自我界定，完善提升自我，继而达到一种有别于他人的确认，实现自我价值的肯定。

（一）知觉自我与知觉他人相比较的自我提升

将个人对自我的看法与对他人的看法进行比较。在这个定义中，其他人可以指同龄人、熟悉的人和普通的其他人。在这个自我改进的定义中，最常见的是与普通人的比较，因此，这种方法也称为规范模型。

（二）自我知觉与外在标准相比较的自我提升

通过比较个人对自我和外部标准的看法来检查自我改善偏见。这些外部标准通常是客观的结果、表现等，有时可能是训练有素的观察者或者同伴、朋友、临床医生等来评估个体。

（三）基于社会关系模型的自我提升

社会关系模型（Social Relation Model, SRM）是肯尼提出的人际知觉理论。SRM把人际知觉分解为三个基本成分：知觉者，即怎样知觉他人；被知觉者，即怎样被他人所知觉；特定感知者与特定感知者之间的关系。自我既是知觉者，也是被知觉者。因此，自我认知是一种不可分离的内在人际现象。

三、自我提升的途径

（一）建立个人"愿景"

许多人无法真正理解愿景的含义，会把愿景与目标等同起来。愿景可能是物质欲望，也可能是有助于社会或促进某一领域的知识,这些都是我们心中真正愿望的一部分。但社会趋势往往会影响个人的愿景,而公众舆论往往会唤起个人的愿景。这就是为什么一般人需要勇气来实现个人愿景,而那些具有高度自我提升能力的人可以轻松地实现他们的愿景。

(二)保持创造性张力

即使愿景清晰,人们在谈论他们的愿景时也经常会遇到很大的困难,因为我们敏锐地意识到视觉与现实之间的差距。这种差距使视觉看起来如同幻想一样,这也有可能使我们感到沮丧或绝望;相反,愿景与当前形势之间的差距也可能成为发展愿景的动力。由于这种差距是创造力的源泉,我们将这种差距称为"创造性紧张"。在创业道路上,要长久地保持创业激情,从愿景中明确自己的目标,明确自己在行业中要寻找什么,要去做什么,把目标分解,并且一点一点去实现它,成就创业事业。

(三)看清结构性冲突

试着想象你正朝着你的目标前进,一个吸引你的物体象征着创造力的紧张,并将你拉向你想要的方向;还有一种物体是由无力或缺乏信心的信念所控制的。设想当你被第一种物体拉向目标时,第二种物体却将你拉回到你不能获得目标的潜在意愿。这是一种"结构性冲突",是一种相似结构,在这种冲突中,各方的力量相互冲突且均衡,同时将我们从中拉开,使我们远离内心想要得到的东西。

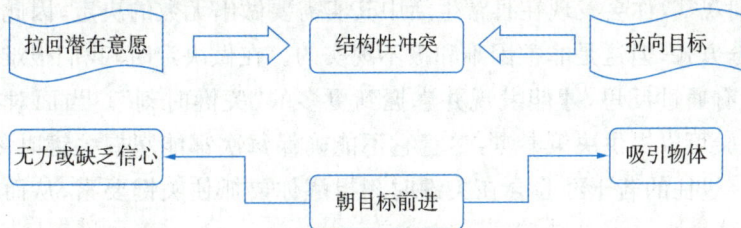

图6-1 结构性冲突示意图

(四)提高自己的决策能力

1. 接受错误,减少错误

每个人的能力都是有限的,每次尝试做出的最佳决定都可能会增加对小众事件的判断。但事实上已经失去了预测越来越多的常见事件的能力,这是不值得的。作为一个诚实面对事实的创业者,并不意味着追求绝对真理或追求万物的根源,而是消除真实情况并不断挑战心中隐含的假设的障碍,继续加深我们对事件背后结构的理解和警惕。具有较高自我超越水平的人,可以更清楚地看到其行为背后的结构性冲突。

2. 形成客观的决策框架

我们决策的最自然的基础是确定哪种选择会带来最大的利益或最小的损失,而我们对利益的看法是根据决策框架形成的。所谓的框架是指对选择的描述。

信息框架带来的误导性选择在生活中非常普遍：如果一个人想卖给我们一些东西，那一定是用收益框架来引诱我们；如果一个人想买东西，他肯定会使用损失框架来抑制价格。所以当大家做出决定时，要尝试同时考虑收益框架和损失框架中的问题，这就需要广泛收集正面和负面数据，以及具备对决策框架的基本理解。

3. 提高自我意识

理性决策必须伴随较高的自我意识，它由两部分组成：意识和潜意识。当自我意识高（较高的意识比例）的时候，我们可以保持警惕；理性行动和低自我意识（较高的潜意识比例）的时候，我们就容易被本能左右而冲动行事。如何保持较高的自我意识？通过两种方法：一是反思、内省；二是牢记目标和愿望。

> 世上没有绝望的处境，只有对处境绝望的人。
>
> ——费洛姆

在保持较高的自我意识之后，也要学会运用潜意识，每个人都有许多尚未被开发的潜能。然而，因为潜力无限，所以不可能将潜力发挥到100%。创业者可以通过发展个人魅力、改善身体体质和有效控制来不断发掘自己的潜能，突破自我、提升自我。

4. 抓住关键时刻

面对诸如买房和选择配偶等重要事情，每个人都会自然而然地意识到这是一个关键时刻，因此他们可以认真做出决定。但生活中有一些小事，虽然它不显眼，但可能是引起重大变化的导火索。

如果仔细观察，你会发现在日常生活中其实需要做出无数的决定，因此保持高度警惕是一种区分方式，但这是非常困难和极不现实的。在做决定时，我们很难意识到这个问题，所以只有通过反思，才能发现并掌握到更多的"关键时刻"。当面对类似的决策时，之前的经验可以提供决策参考，尽管它不能确保每次都能掌握关键时刻，但至少不再懵懂无知。过往的若干经验会在关键时刻提醒你要抓住关键要素，从而获得无限的商机。

（五）树立良好的创业心态

良好的创业心态是每个创业者成功的基础。心态是控制创业思维平衡的重要因素。

1. 理性看待预期情绪

预期的情绪是预测他们将通过某种决定体验的情绪，积极的期望可以促使我们做出决定，而消极的情绪则相反。需要指出的是，预期情绪只是决策过程中的预测情绪，与决策过程中的情况有可能不一致甚至背离。

有人认为，同样的100美元，失去它的痛苦是获得它的幸福的两倍。但科学家们进一步试验并测试了真实情绪变化的发生，一个有趣的结果出现：失去的痛苦和获得的快乐在数量上是相同的！这可以通过归因效应来解释，也就是说，当真正失去100美元时，我们会理性化归因以

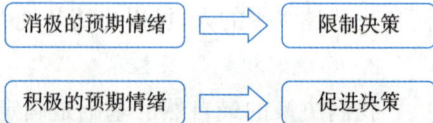

| 消极的预期情绪 | ⇒ | 限制决策 |
| 积极的预期情绪 | ⇒ | 促进决策 |

图6-2　预期情绪的影响机制

减轻痛苦,因此真正的痛苦并不比快乐更大。

但是如果我们不明白这一点,在做出决定时,由于预期的痛苦损失将大于利润和幸福,因此,当我们面对收入时,决策往往是保守的,从而影响理性决策。打破预期情绪误导的关键在于建立正确的反馈,临时抱佛脚肯定为时已晚,可以通过记录心理感受,然后做一个比较(通常三五次)形成正确的反馈和感知,从而打破误解。

2. 要有积极、乐观、自信的心态

创业过程中,要学会"在战略上藐视敌人,在战术上重视敌人"。创业可能会是顺利的,也可能是一条艰难而又冒险的道路。但无论如何,对于一个创业者来说,最重要的是要自信,相信你的选择是正确的,并相信你能成功。自信是人生和事业成功的基础,当然,自信不是盲目的自信,是基于理性分析的自信。

表6-1　创业焦虑自测

你的创业焦虑有哪些?
□ 没有创业经验
□ 害怕坚持不了
□ 目前能力不足
□ 不清楚市场行情
□ 创业资金耗尽
□ 合作伙伴相处不来
□ 客户难以应付
□ 对未来莫名迷茫

📖 拓展阅读

丢了两元钱的车

罗森在一家酒吧里吹萨克斯,收入不高,却总是乐呵呵的,对什么事都表现出乐观的态度。他常说:"太阳落了,还会升起来,太阳升起来,也会落下去,这就是生活。"

罗森很爱车,但是凭他的收入想买车是不可能的。与朋友们在一起的时候,他总是说:"要是有一辆车该多好啊!"眼中充满了无限向往。有人对他说:"你去买彩票吧,中了奖就有车了!"

于是他买了两块钱的彩票。可能是上天优待于他,罗森凭着两块钱的一张体育彩票果真中了个大奖。

罗森终于如愿以偿,他用奖金买了一辆车,整天开着车兜风,酒吧也去得少了,人们经常看见他吹着口哨在林荫道上行驶,车也总是擦得一尘不染的。

然而有一天,罗森把车泊在楼下,半小时后下楼时,发现车被盗了。朋友们得知消息,想

到他那么爱车如命,几万块钱买的车眨眼工夫就没了,都担心他受不了这个打击,便相约来安慰他:"罗森,车丢了,你千万不要太悲伤啊!"罗森大笑起来,说道:"嘿,我为什么要悲伤?"

朋友们疑惑地互相望着。

罗森接着问:"如果你们谁不小心丢了两块钱,会悲伤吗?"有人说:"当然不会。"罗森笑道:"是啊,我失去的就是两块钱啊!"。

大道理:换一个角度,就能得到快乐,丢掉生活中的负面情绪,要有一种认识挫折和烦恼的胸怀。

——https://wenku.baidu.com/view/e40cc5ee19e8b8f67c1cb995.html

3. 要有吃苦的心理准备

创业不同于普通工作,每周可以休息两天,创业意味着可能没有休息日,也意味着没有固定的工作时间,加班成为每天的正常状态。创业者必须做好充足的心理准备,主动接受这一切,将心理状态调节成动态模式,采取心理休息,适当放空心情,缓解心理压力。

4. 要有独立分析和决策的心理准备

学习时,不必担心自己,当你去上班,成为一名普通员工,或者你已经习惯了老板把工作任务分配给你,长此以往形成一种习惯性依赖。但是你选择开始自己创业时,就无法再享受这种依赖关系,一切都将取决于你。此时,你必须发展自己的分析和决策能力,同时需要为自己制订工作计划,并且学习时间管理和交易管理,要决定自己的业务和方向,并决定如何分配资源。

5. 要有承受压力和挫折的心理准备

因为是自己的事业,你会面临很多的问题与压力:公司经营处于低潮怎么办?客户纠纷怎么处理?员工工作不称职怎么办?工商税务方面的问题怎么处理?现金流中断怎么办?遇见突发事件怎么办?这些都会让你感到压力和沮丧,让你受苦,让你失眠。与此同时,创业者也会面临创业失败的风险,因此,必须做好承受压力和挫折的准备。

(六)打造灵感空间

生活环境会影响情绪。当创业者生活在一个充满灵感的环境中,每天都会富有创造力和激情;如果环境一团糟的话,不仅会引发坏情绪,创业者没有心情投身创业活动。一个成功的人,必定善于营造良好的奋斗氛围,由内而外精心描绘未来事业的蓝图,选择好、设计好外在环境,丰富内在创业情感,创造一个上进、易自我激励的氛围。

四、结语

人的自我提升不是为了给别人看,而是为了与自己相比,看到自己的优势和劣势,认识到自己的优点和缺点,进而自我提升。充分发挥自己的潜能,制订自己的人生计划,逐步确定自己的人生目标,成为更好的自我。每个人心中都有一个自己,内在的自我和真实的自我之间往往存在很大的差距。如果你努力提高自己,你就可以成为让你钦佩的人。

6.2 创新能力塑造

热身活动

两只活泼可爱的小狗在哈哈镜前看到了不同的自己，一个高大威猛，一个变成了十分不起眼的小不点儿。从此，两只小狗都发生了不同的变化。

请展开想象的翅膀，续编出两只小狗会发生什么样的变化。

创新能力是指在科学技术和各种历史实践中不断提供具有经济、社会和生态价值的新思想、新理论、新方法和新发明的能力。当今社会竞争的核心不是人才的竞争，而是人类创造力的竞争。

自我提升是肯定自我的动力，是维持自尊的方式，也是寻求自我评价的动力。人们需要增强自尊，提升个人价值，寻求积极的自我意识，避免负面的反馈评估。它具有过度表达、特质自我提升、自利归因、自我保护记忆和其他形式的表达，可以通过一致性进行比较，同时进行行动机制测试、隐性自我改善测量、自恋和社会欣赏倾向评估。通过自我提升，人们希望对自己产生满意感、能力感和有效感。自我改善动机在个人发展中起着重要作用。

培养创新能力与自我提升存在相互作用及相互成就的逻辑关系，一方提高，另一方也会受益，两者不可分割。

> 青年人正处于学习的黄金时期，应该把学习作为首要任务，作为一种责任、一种精神追求、一种生活方式，树立梦想从学习开始、事业靠本领成就的观念，让勤奋学习成为青春远航的动力，让增长本领成为青春搏击的能量。
> ——2013年5月4日，习近平同各界优秀青年代表座谈时的讲话

一、创新能力

（一）创新能力的含义

创新能力是指人在顺利完成以原有知识、经验为基础的创建新事物的活动过程中表现出来的潜在的心理品质；是运用知识和理论，在科学、艺术、技术和各种实践活动领域中不断提供具有经济价值、社会价值、生态价值的新思想、新理论、新方法和新发明的能力。

（二）创新能力在企业的表现形态以及大学生应对

提起创新，人们往往联想到技术创新和产品创新，其实创新的形态远不止这些。一般地，创新能力主要体现在发展战略创新、产品（或服务）创新、技术创新、组织与制度创

新、管理创新、营销创新、文化创新等方面。而这些创新能力的培养正需要当前高校学生所关注和训练，从而在未来的职业工作及生活中发挥创新能力的作用。近些年，大学生创新创业类竞赛的项目，多是以上述创新能力的方向为切入点培养大学生创新能力的。下述各类创新，即是当代大学生所需要了解的关于企业创新能力的表现形态。

一是发展战略创新。这是对原有的发展战略进行变革，是为了制定出更高水平的发展战略。实现战略创新，就要制定新的内容、新的手段、新的人事框架、新的管理体制、新的经营策略等。就当代大学生而言，了解企业发展战略创新的思维，能够有效制定自我职业生涯规划，明确未来就业后自身在企业中的定位，突出自我的创新能力，为企业增值增长彰显价值体现。

二是产品(服务)创新。这对于生产经营性企业来说，是产品创新；对于服务行业而言，主要是服务创新。例如，手机在短短的几年间已从模拟机发展到数字机、可视数字机、可以上网和可以拍照的手机等。手机的更新换代生动地告诉我们，产品的创新是多么迅速。就当代大学生而言，未来在企业工作中的产品创新或服务创新是员工成长的动力源，是大学生职业生涯最明确的价值体现。一个新产品或服务模式的创新，能够给企业带来巨大的经济价值。他们既可以牵头创新也可以参与创新，但都需要强大的创新能力的支撑。因此，培养大学生产品创新和服务创新的能力是高校对学生创新能力培养的重中之重。

三是技术创新。技术创新是发展的源泉、竞争的根本。就一个企业而言，技术创新不仅指商业性地应用自主创新的技术，还可以是创新地应用合法取得的、他方开发的新技术或已进入公有领域的技术，从而创造市场优势。例如，沃尔玛(Wal-mart)1980年就全球率先试用条形码即通用产品码(UPC)技术，结果他们的收银员效率提高了50%，极大地降低了经营成本。就当代大学生而言，学好专业技术知识是技术创新的根基，通过创新能力的训练，获得深挖技术创新的方法和途径，为就业后的企业产品技术创造价值。

四是组织与制度创新。组织与制度创新主要有三种：一种是以组织结构为重点的变革和创新，如重新划分或合并部门、组织流程改造、改变岗位及岗位职责、调整管理幅度等。二是以人为重点的变革和创新，即改变员工的观念和态度，包括知识的更新、态度的变革、个人行为乃至整个群体行为的变革等。例如，GE总裁韦尔奇在执政后就曾采取一系列措施来促进GE这家老企业重新焕发创新动力。有一个部门主管工作很得力，所在部门连续几年盈利，但韦尔奇认为可以干得更好。这位主管不理解，韦尔奇建议其休假一个月，放下一切，等再回来时就像刚接下这个职位，而不是已经做了4年。休假之后，这位主管果然调整了心态，像换了个人似的，对本部门工作又有了新的思路和对策。三是以任务和技术为重点的创新，即对任务重新组合分配，并通过更新设备、技术创新等来达到组织创新的目的。就当代大学生而言，组织与制度创新虽然离我们比较远，但如果自身的创新能力能够得到认可，将来就是企业组织和制度创新的受益者和享有者。

五是管理创新。世上没有一成不变的、最好的管理方法。管理方法往往因环境情况和被管理者的改变而改变,这种改变在一定程度上就是管理创新。例如,Intel 总裁葛洛夫的管理创新就是因环境情况和被管理者的改变而改变:实行产出导向管理——产出不限于工程师和工人,也适用于行政人员及管理人员;在英特尔,工作人员不只对上司负责,也对同事负责;打破障碍,培养主管与员工的亲密关系等。就领导者而言,管理创新是现代企业管理的重中之重,而就当前大学生而言,学会管理、了解管理是创新能力培养的必备能力。

六是营销创新。营销创新是指营销策略、渠道、方法、广告促销策划等方面的创新。如雅芳(Avon)的直销和安利(Amway)的销售等都是营销创新。营销创新是当代大学生必备创新技能之一,互联网时代的到来给营销创新带来了不同的渠道和路径,短视频、微信以及一系列电商平台开阔了当代大学生的视野,为大学生未来参与企业的营销创新奠定了基础。

七是文化创新。文化创新是指企业文化的创新。企业文化的与时俱进和适时创新,能使企业文化一直处于一种动态的发展过程。这样不仅仅可以维系企业的发展,更可以给企业带来新的历史使命和时代意义。就当代大学生而言,即是艺术和科学的文化体现。企业文化与专业文化相通相融,专业文化与学生学习相融。学生在未来的职业生涯过程中,既要感受企业文化的培养与熏陶,更要参与企业文化创新的制定与传承。

📖 **拓展阅读**

齐白石"五易画风"

齐白石本是个木匠,靠着自学成为画家。然而,面对已经取得的成功,他永不满足,而是不断汲取历代著名画家的长处,改变自己作品的风格。他 60 岁以后的画,明显地不同于 60 岁以前。70 岁以后,他的画风又变了一次。80 岁以后,他的画风再度变化。据说,齐白石的一生曾五易画风。正因为白石老人在成功后仍然马不停蹄,不断创新,所以他晚年的作品比早期的作品更为成熟,形成了独特的流派与风格。

二、塑造大学生创新能力的方式方法

思维是推动群体行为的一种强大的能动力,培养大学生创新性思维就成了培育创新型人才的第一把钥匙。

(一)提升自我意识,塑造创新能力

一要不畏常规,敢于超越。

创新是真正意义上的超越,是一种敢为人先的胆识。当代的大学生是从应试教育中走过来的,其在小学、中学接受教育大多是老师机械地灌输,被动地接受知识,很少有自己独立思考的空间,即使是掌握得很好的知识,也只是运用于考试之中,这就使他们的悟性、灵感在经过"千锤百炼"之后基本上被埋没了,思维被严重束缚。正因如此,大学生敢于超

越的精神就显得更为可贵。

二要善于运用各种不同的思维方式。

比如,注意培养聚合思维和发散思维,重视直觉和灵感的作用,把形象思维和抽象思维结合起来,善于运用归纳、演绎、推理等多种逻辑思维方式等。真正把各种不同的思维方式运用好,实质上也就形成了创新性思维。具有了创新性思维,才能获得创新能力,推动创新实践。

三要多进行思维训练。

受中国传统文化的影响和教育体制的制约,当代大学生普遍具有较强的逻辑思维能力,而缺少非逻辑性思维的能力。因此,应注重适时进行非逻辑性思维训练。

四要培养问题意识。

问题是思维的开端、学习的起点,任何思维过程总是指向某一具体问题的。从发现问题、提出问题、讨论问题、分析问题直到解决问题,是积极主动开展思维探索的过程。一些富有新意的问题的提出、分析与解决即是创新的过程。

(二)外界对学生创新能力的塑造

创造性思维能力的培养也离不开环境氛围的影响。学生应在课堂之外为自身个性化成长创造空间、创造机遇,提供更充足的营养。

一是校园文化环境和学术氛围对当代学生创新能力的塑造。

学生要具备参与意识与积极性、主动性。针对自身的求新、求异心理,发展自我的特长;通过参加多层次教学活动和各种社团活动,有利于自我在整体校园环境熏陶下让个性健康发展,在活动中长见识、增才干,培养创新精神。

二是要参加丰富多彩的课外学术科技活动、校园文化活动、社会实践活动。如参加"挑战杯"全国大学生科技作品比赛和科技论文比赛、数学建模比赛、中国国际"互联网+"大赛等,也可以结合自身实际开展有特色的科技活动。这样不仅激发了自我的创新热情,而且也能够使自己受到较为系统的科研素质训练。

三是要积极参与创业活动,激发创造欲望。创业并不是意味着开公司当老板,而是利用其新创意、新设计和发明的新技术、新产品进行创业,使其发明和创造转化为现实生产力。同时,多参加著名专家、校内外学者等举办的学术讲座、报告会和座谈会,这也是营造良好的创新氛围的重要方式。听老专家、校内外学者介绍他们的学术观点,发表他们的创新观,可使自己的创造性思维有较高的起点和正确的方向。榜样的力量是无穷的,专家学者的鼓励创新更有说服力。

> 重大科技创新成果是国之重器、国之利器,必须牢牢掌握在自己手上,必须依靠自力更生、自主创新。
>
> ——2018 年 5 月 2 日,习近平在北京大学考察时强调的话

(三)构建学校塑造学生创新能力的有利条件

广博的知识面、合理的知识结构是创造性思维必需的物质基础。高校必须健全学科

机制、构建健全合理的知识体系,以适应大学生全面发展的要求。

一是要为学生奠定坚实的理论基础。创新需要基础,构建创新的知识结构,体现"扎实""广博""前沿""综合"。没有良好的理论基础,创新就成为无源之水、无本之木。

二是要优化课程结构。要按照"少而精"的原则设置必修课,合理安排各专业课程,确保学生具备较为扎实的基础知识;增加选修课比重,允许学生跨校、跨系、跨学科选修课程。可能的话,可开设创造学等课程,学生依托一个专业,着眼于综合性较强的跨学科训练,熟悉尽可能多领域的知识,摆脱重理轻文、重专业轻人文学科的传统观念,将各个领域的知识联系起来,形成合理的知识结构。这不仅可以优化学生的知识结构,为其在某个专业深造做好准备,同时有利于发展学生的特殊兴趣,使之能学有所长,以提高创新的积极性。

三是组织学生积极参与社会实践,理论联系实际,学以致用。大学应该将教学实践与科研实践结合起来,直接参与和推进国家的科技创新;更重要的是,应该通过培养高素质的创新型人才,为技术创新提供源源不断的人才支持和强大的智力储备。

📖 拓展阅读

创新能力铸就福特成长

在20世纪二三十年代,福特一世以大规模生产黑色轿车独领风骚十余载,但随着时代变迁,消费者的需求也发生着变化,人们希望有更多的品种、更新的款式、更加节能降耗的轿车。而福特汽车公司的产品,不仅颜色单调,而且耗油量大、废气排放量大,完全不符合日益紧张的石油供应和日趋紧迫的环境治理的客观要求。此时,通用汽车公司和其他几家公司则紧扣市场脉搏,制定出正确的战略规划,生产节能降耗、小型轻便的汽车,在20世纪70年代的石油危机中后来居上,福特汽车公司一度濒临破产。所以,福特公司前总裁亨利·福特深有体会地说:"不创新,就灭亡。"

——https://www.docin.com/p-537865532.html

三、学生塑造创新能力的途径

创新能力的培养必须以获取知识为基础,以提高素质为核心,以发展创新能力、培养创新精神为最终目标。

一要重视基础知识的学习和基本技能的培养。只有打好坚实的基础,才能谈创新。可以肯定,良好的基础知识是创新成果诞生的基点,优秀的创新成果都是饱含科技含量的,没有坚实的知识积累和深厚的知识底蕴是不可能孕育出优良发明的。古语说得好:"温故而知新。"创新并不像人们想象中的那么神秘而高不可攀,它是人们在对原有知识和理论的深刻理解和掌握的基础上,在对原有知识和理论的实践运用当中,发现原有理论无法解决或解释不清楚的问题时,依据实践经验对原有理论进行改进,甚至创造更加具有适用性的新理论的过程。因此,在大学期间,一定要重视学好基础知识,其中包括数学、英语、计算机以及本专业要求的基础课程。需要注意的是,我们切不可一味埋头苦钻基础而放弃了对基础知识的延伸和新知识的发现,抱着质疑的态度学习,敢于挑战权威,在学习中求创新,是创新性学习的关键。

二要重视个人综合能力的全面发展。创新型人才首先是全面发展的人才。一个人如果没有正确的世界观,没有坚定的信仰,没有良好的品德修养,没有高雅的审美情操,不仅不能成为一个合格的创新型人才,就连作为一个健全的人也是有困难的。作为当代社会的创新型人才,还要以个性的自由和独立发展为前提,作为工具的人、模式化的人和被套以种种条条框框的人,都不可能成为创新型人才。因此,作为当代大学生,首先要学会做人,要重视自己的生理与心理、智力与非智力、认知与意向等因素的全面和谐发展,成为有理想、有道德、有文化、有纪律的合格公民;其次,重视自我个性的培养与完善,增强自己独立思考问题、分析问题和解决问题的能力。努力使自己成为一个在情感、智力方面全面发展的人。

三是针对大学的不同阶段,创新性学习要有所侧重。在大学学习的初级阶段,也就是打基础的阶段,要重视基本知识和基本技能的培养,较多的以肯定的视角来学习前人的经验、理论和方法,在接纳学习的基础上求创新;而在大学学习的高级阶段,或者研究生阶段,由于有了初级阶段所打下的扎实理论知识基础,此时就要侧重于自己的创新意识和创新能力的培养。培养创新思维,扩展思维视角,较多的以否定视角来重新审视以前所学的知识,破除"知识—经验定式",重视知识与实践的结合,在理论与实践的结合中大胆地对前人的理论和经验做出置疑,提出改进观点,并实事求是地对新提出的观点和方案进行可行性论证,实现真正的创新。

四是加强自身创新意识。中华文化博大精深,是我们创新的一大源泉。但我国文化传统之一的中庸思想,不鼓励人们个性发展、独特思维,我们一定要辩证地看待这个问题。我们的传统文化蕴含着丰富内涵,适当挖掘,就是丰富的创新源泉,我们要充分利用之。培养创新意识要从自身做起。创新源于身边,因此要想创新首先应该从自身出发留意身边的事物。遇事要积极思考才能发现创新的元素。大学生作为未来的精英,更应该有创新意识。要想成为创新型人才,为国家贡献一份力量,首先要培养自身的创新意识。

五是要充分利用周边条件。大学时光不可虚度,要尽可能早地参加一些创新活动。机遇偏爱有准备的头脑。我们要从生活细节着手,从小培养动手兴趣,长大以后,除了学习书本知识,更要对动手实践产生浓厚兴趣,当机会来临时才能牢牢把握住它。大学给我们提供了一个充满机遇的舞台。学校里有许许多多的活动等待我们参与,无论是学校还是各个学院组织的活动都应该积极地参与其中。大学本来就是一个小的社会,在这个特殊的环境中我们拥有优越的条件,每一个在校大学生都应该积极地培养自己的能力,尤其是创新能力。我们应该踊跃参加"创新能力大赛"等活动,比如全国"挑战杯"创业大赛。"挑战杯"创业大赛作为学生科技活动的新载体,创业计划竞赛在培养复合型、创新型人才,促进高校产学研结合,推动国内风险投资体系建立等方面发挥出越来越积极的作用。

参加此类活动不仅可以锻炼我们的创新能力,而且以团队的形式参加也增强了我们的团队合作意识。在如今社会化程度空前提高的时代,团队协作更具有重大意义。我们要努力利用好这个平台,做一个创新型人才,为创新型国家建设做出自己的贡献。国家和政府给我们创业提供了一个良好的环境。近年来,为支持大学生创业,国家和各级政府出台了许多优惠政策,涉及融资、开业、税收、创业培训、创业指导等诸多方面。例如,政府人事行政部门所属的人才中介服务机构,免费为自主创业毕业生保管人事档案(包括代办社保、职称、档案工资等有关手续)2 年;提供免费查询人才、劳动力供求信息,免费发布招聘广告等服务;适当减免参加人才集市或人才劳务交流活动收费;优惠为创办企业的员工提供一次培训、测评服务等。国家为我们提供了许多优惠政策,我们应该好好利用,创业者更应该积极响应,努力为国家做出一份贡献。

6.3　创新能力的培养与训练

热身活动

镜 子 活 动

两人一组,你做出各种愉快的表情,你的同学作为镜子模仿你的各种表情。时间为 2 分钟左右。然后双方互换角色。

请围绕刚才的活动讨论分享。

1. 看到“镜子”的表情,你有什么感受?

2. 情绪可传染吗?

3. 在努力做各种愉快表情时,你的情绪有变化吗?

一、大脑与创新

(一)大脑与创新机理

大脑是高级心理过程的控制和调节中心,人脑约重 1 400 克,大脑占全部脑重的 60%—70%。大脑分两半球(左脑和右脑),通过胼胝体的神经纤维统一起来,使两者的活动相互协调。左右脑分工不同,同时调动起来,有利于创新。

表6-1　大脑左右半球的生理机能

左半球(控制人体右侧)	右半球(控制人体左侧)
说话、阅读、书写	知觉、理解整体、类比
分析、联想、抽象、判断、数学解题、推理	类似性认识、直觉、调查、视觉记忆、铭记

（续表）

左半球（控制人体右侧）	右半球（控制人体左侧）
规范性、理论、时间管理、分析思维	综合、图形化、空间知觉、综合的直观
语言记忆、知觉细节	非语言的，音乐的
译之为语言描述、缺乏完形综合器、分析时间	情绪感觉、处理瞬间问题、几何图形识别
左脑辨认熟人	右脑辨认生人
串行的收敛性的因果式的思考方式、循序渐进	并行的空间发散性的非因果式的思考方式

　　左脑倾向于逻辑思维，用语言文字思考，而右脑则倾向于艺术思维，用图像视觉进行思考。右脑思维者经常不按常理出牌，也就是人们经常说的脑筋急转弯。比如，当发现割草机噪声大时，传统思维者会利用减震降低噪声；右脑思维者可能会考虑如何不用割草机，比如如何让草不长高，这样就有了研究基因改变的工作。对于病人如何去医院看病的问题，传统思维者会考虑使用救护车，或者请医生登门救治；右脑思维者则可能考虑如何使人不生病。针对目前交通堵塞难题，传统思维者会考虑减少车流量、修路、修地铁，甚至建设空中有轨交通；右脑思维者则可能考虑让人们在家办公或者根本不用交通工具。右脑思维可以打破条条框框，获得一些出人意料的想法。因此，创新需要右脑思维。

　　创新的生理因素主要在人脑，特别是大脑，它是心理活动的高级中枢，也是进行创新活动的高级中枢，是统帅人体一切的总司令部。既然创新能力是在人的心理活动的最高水平上实现的综合能力，因此各种心理活动的生理机制都与创新的生理机制有关。根据已取得的研究结果表明，人脑的突触、网状结构、胼胝体等在创新活动中都起着重要的作用。掌管创新思维的最高中枢是大脑的额前叶。额叶运动系统能够把进入的信息进行综合，构成行为的复杂程序，并把完成行为的结果与最初的目的相对照，体现人的创新思维过程。此外，感官、激素、营养等也都是创新的生理因素。

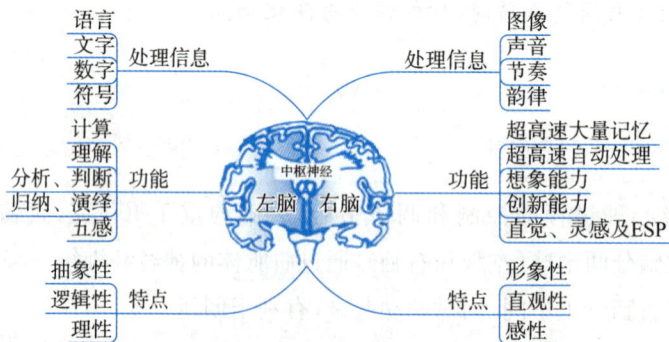

图6-1　左右脑的信息处理、功能及特点

（二）右脑训练（基础的创新能力训练）

　　右脑最重要的贡献是创造性思维。右脑不拘泥于局部的分析，而是统观全局，以大胆猜测跳跃式地前进,达到直觉的结论。在有些人身上,直觉思维甚至变成一种先知能力,使他们能预知未来的变化,事先做出重大决策。

1. 借助外语开发右脑

美国神经外科近年发现:学会两三种语言跟学会一种语言一样容易,因为当只学会一种语言时,仅需大脑左半球,如果培养同时学习几种语言,就会"启用"大脑右半球。翻译层次高低有别,有人把它分为这样三

> 生命不是要超越别人,而是要超越自己。
>
> ——德莱赛

个级别、五个档次。低级为译形,只是译出字、句、段,表达了讲话的字面意思。这时只使用左脑。中级为译意,分为三个档次。下档译出话句、文本,表达了讲话的具体意思,这时仍只用左脑。中档译出语意,传达了讲述者表达的信息。这时左右脑并用。高档译出讲话者的志和情,体会出了讲话者内心的状态。这时基本用右脑。高级为译神,译出讲话者的实相,这时完全用右脑。达到这个境界,译者已进入一种忘我状态,达到与讲话者心灵的沟通,已不需要刻意去解释去寻找表达方法,译者与讲者的隔膜已不复存在,他感到的是讲者心灵深处的感受。翻译层次的提高,实际是右脑逐步开启使用的过程。由绝对左脑,左右脑并用,在左脑的基础上使用右脑,到绝对右脑的大脑使用的转化过程。达到翻译的译神阶段,需要长期的历练和天分。

2. 借助体育活动

每天跳上半小时的迪斯科健身操,打乒乓球、羽毛球等;在打拳或做操时有意识地让左手、右手多重复几个动作,以刺激右脑。右脑在运动中随之而来的鲜明形象和细胞激发比静止时来得快。由于右脑的活动,左半球的活动受到某种抑制,人的思想或多或少地摆脱了现成的逻辑思维方法,灵感经常会脱颖而出。

3. 借助音乐的力量

心理学家发现,音乐可以开发右脑。所以应该通过学习音乐启动右脑思维。此时,在从事其他活动时,创造一个音乐背景。音乐由右脑感知,左脑并不受影响,仍可独立工作,使右脑在不知不觉中得到锻炼。

4. 左侧身体运动

经常利用左半身的手、臂、腿、脚进行活动,能促进右脑的开发,如用左手写字、画画、剪纸等。左手做事,用左手拿筷子、刷牙、扫地、拿东西;左腿活动,用左脚踢球、跳皮筋等。左手写字当然也是右脑开发训练当中的一个方法,但效果不明显。你可以多看图片,比如一些曼陀罗卡片、三色卡片和一些三维卡片等,另外自己在学习或者工作中尽量把自己所阅读或者所记忆的东西在大脑里面用图片想象出来。

5. 利用形象开发右脑

右脑是形象的脑,在速读速记中"眼脑直映"的阅读特点要求省去"音读"现象,将文字大块大块地映入大脑,将文字形象化来开发右脑。脑图像法也是培养我们右脑的形象思维。当我们在背数字、文字或字母的时候,先把要记的东西的形象"刻"在脑海中,然后在背的时候仿佛是看着头脑中所记东西的形象读出来一样,不仅记得快,而且记得牢。多体

验有空间感的游戏。看一幅画，默记，然后闭上眼睛，在头脑中再现画面、翻转、放大、缩小，在想象中进一步观察它的细节。如果是一棵树，想象出树皮、树叶、树上的小虫和鸟；解剖这棵树，想象出木质髓心、树根。

训练右脑的方法有许多，可以通过潜意识、脑电波、学习记忆术等来训练。如今，人类已高度重视对自身大脑的研究，左右脑功能的研究已获得突破性进展，阅读教育必须努力跟上时代，深入开发右脑的功能，重视发展形象思维，这必将引起一次新的学习。

二、刻意练习

首次提出"刻意练习"这个概念的是佛罗里达州立大学（Florida State University）心理学家 K. Anders Ericsson。这套练习方法的核心是假设，专家级水平是逐渐练出来的，而有效进步的关键在于找到一系列的小任务让受训者按顺序完成。这些小任务必须是受训者正好不会做，但是又正好可以学习掌握的。完成这种练习要求受训者思想高度集中，这就与那些例行公事或者带娱乐色彩的练习完全不同。"刻意练习"的理论目前已经被广泛接受。创新必须通过刻意练习有效训练方法完成，以求事半功倍。刻意练习训练要求如下。

（一）只在"学习区"训练

科学家们考察花样滑冰运动员的训练，发现在同样的练习时间内，普通的运动员更喜欢练自己早已掌握了的动作，而顶尖运动员则更多地练习各种高难度地跳。普通爱好者打高尔夫球纯粹是为了享受打球的过程，而职业运动员则集中练习在各种极端不舒服的位置打不好打的球。真正的练习不是为了完成运动量，练习的精髓是要持续地做自己做不好的事。

心理学家把人的知识和技能分为层层嵌套的三个圆形区域：最内一层是"舒适区"，即我们已经熟练掌握的各种技能；最外一层是"恐慌区"，即我们暂时无法学会的技能；二者中间则是"学习区"。只有在学习区里面练习，一个人才可能进步。有效的练习任务必须精确地在受训者的"学习区"内进行，具有高度的针对性。在很多情况下，这要求必须有一个好的老师或者教练，从旁观者的角度更能发现我们最需要改进的地方。只在学习区练习，是一个非常高的要求。一般的学校课堂往往有几十人按照相同的进度学习知识，这种学习是没有针对性的。同样的内容，对某些同学来说是舒适区根本无须再练，而对某些学生则是恐慌区。一旦已经学会了某个东西，就不应该继续在上面花时间，而应立即转入下一个难度。长期使用这种方法训练必然事半功倍。2004 年的一项研究表明，大学生的学习成绩和他们在学习上投入的总时间没有直接关系，关键是创新学习方法。

（二）大量重复训练

从不会到会，秘诀是重复。美国加州有个"害羞诊所"（The Shyness Clinic），专门帮助那些比如说不敢和异性说话的人克服害羞心理。这个诊所的心理学家不相信什么心理暗示疗法，什么童年回忆之类，他们相信

> 科学到了最后阶段，便遇上了想象。
>
> ——雨果

练习。他们认为使人害羞的并不是事情本身,而是我们对事情的观点。这种把不常见的高难度事件重复化的办法正是商学院创新课程的精髓。在商学院里,一个学生每周可能要面对 20 个真实发生过的商业案例,学生们首先自己研究怎么决策,提出解决方案,最后老师给出实际的结果并做点评。学习商业决策的最好办法不是观察老板每个月做 2 次决策,而是自己每周做 20 次模拟的决策。军事学院的模拟战,飞行员在计算机上模拟各种罕见的空中险情,包括丘吉尔对着镜子练习演讲,都是重复训练。

在体育和音乐训练中,比较强调"分块"练习。首先你要把整个动作或者整首曲子过一遍,看专家是怎么做的。然后把它分解为很多小块,一块一块地学习掌握。在这种训练中一定要慢,只有慢下来才能感知技能的内部结构,注意到自己的错误。在美国一所顶级的小提琴学校里,甚至有禁止学生把一支曲子连贯地演奏的要求,规定如果别人听出来你拉的是什么曲子,那就说明你没有正确练习。职业的体育训练往往是针对技术动作,而不是比赛本身。一个高水平的美式足球运动员只有 1% 的时间用于队内比赛,其他都是各种相关的基础训练。

(三)持续获得有效反馈的训练

传道,授业,解惑,老师和教练最大的作用是什么?是提供即时的反馈。一个动作做得好与不好,最好有教练随时指出,本人必须能够随时了解练习结果。看不到结果的练习等于没有练习:如果只是应付了事,你不但不会变好,而且会对好坏不再关心。在某种程度上,刻意练习是以错误为中心的练习。练习者必须建立起对错误的极度敏感,一旦发现自己错了会感到非常不舒服,一直练习到改正为止。获得反馈的最高境界是自己给自己当教练。高手工作的时候会以一个旁观者的角度观察自己,每天都有非常具体的小目标,对自己的错误极其敏感,并不断寻求改进。

(四)精神高度集中训练

刻意练习没有"寓教于乐"这个概念。曾经有个著名小提琴家说过,如果你是练习手指,你可以练一整天。可是如果你是练习脑子,你每天能练两个小时就不错了。高手的练习每次最多 1~1.5 小时,每天最多 4~5 小时。没人受得了更多。一般女球迷可能认为贝克汉姆那样的球星很可爱,她们不知道的是很少有球员能完成贝克汉姆的训练强度,因为太苦了。

📖 拓展阅读 💧

谁是最好的小提琴演奏家

科学家们曾经调查研究了一个音乐学院。他们把这里的所有小提琴学生分为好(将来主要是做音乐教师)、更好和最好(将来做演奏家)三个组。这三个组的学生在很多方面都相同,比如都是从 8 岁左右开始练习,甚至现在每周的总的音乐相关活动(上课、学习、练习)时间也相同,都是 51 个小时。研究人员发现,所有学生都了解一个道理:真正决定你水平的不是全班一起上的音乐课,而是单独练习。最好的两个组学生平均每周有 24 小时的单独练习,而第三个组只有 9 小时。他们都认为单独练习是最困难也是最不好坚持的活动。最好的两个组的学生利用上午的晚些时候和下午的早些时候单独练习,这时候他们还很清醒;而第三个组利用下午的晚些时候单独练习,这时候他们已经很困了。最好的两个组不仅仅练得多,而且睡眠也多。他们午睡时间也长。那么是什么因素区分了前两个组呢?是学生的历史练习总时间。到 18 岁,最好的组中学生平均总共练习了 7 410 小时,而第二组是 5 301 小时,第三组是 3 420 小时。第二组的人现在跟最好的组一样努力,可是已经落后最好的组。

可能很多人会怀疑是否真的应该让孩子接受这样的苦练。实际上,顶级运动员很多都是穷人家的孩子。不练这一万小时一定成不了高手,但问题是考虑到机遇因素练了这一万小时也未必成功。这就是兴趣的作用了。如果说有什么成功因素是目前科学家无法用后天训练解释的,那就是兴趣。有的孩子似乎天生就对某一领域感兴趣。感兴趣并不一定说明他能做好,就算不感兴趣只要愿意练,也能练成。兴趣最大的作用是让人愿意在这个领域内苦练。不论如何,刻意练习是个科学方法,值得我们把它运用到日常工作中去。显然我们平时做的绝大多数事情都不符合刻意练习的特点,这可能就是为什么大多数人都没能成为世界级高手。天才来自刻意练习,创新的能力来自刻意练习。

三、培养不同领域的创新能力训练

(一)经营管理创新能力训练要求

一是要认识自己,是清楚和深刻的认知。

二是要增强危机意识,在变化迅速、日新月异、竞争十分激烈的市场环境下,时刻保持高度的危机感、时刻关注市场变化,加强内部管理。

三是要提升学习能力,特别是对于管理者来说,没有一定的学习能力就没有强大有效的执行力。学习力是打造执行力的根本,提高执行力就要提升中层管理者的学习力。

四是要提高自身综合素质,包括关注细节、诚实做人、爱岗敬业。

五是要提升八项综合能力,即领悟能力、计划能力、指挥能力、控制能力、协调能力、授权能力、判断能力以及整合上述能力的创新能力。我们做任何一件事都可以认真想一想,有没有创新的方法使执行的力度更大、速度更快、效果更好。要清楚创新无极限,唯有创新,才能生存。

(二)创造发明创新能力训练要求

1. 破除思维定式

破除"权威定式",权威定式有利于惯常思维,却有害于创新思维。在需要推陈出新的时候,它使人们很难突破旧权威的束缚。历史上的创新常常是从打倒权威开始的。破除"从众定式",从众定式的根源在于,人是一种群居性的动物,为了维持群体生活,每个人都

> 想象是灵魂的眼睛。
> ——茹贝尔

必须在行动上奉行"个人服从群体,少数服从多数"的准则;然而这个准则不久便会成为普遍的思维原则而形成"从众定式"。破除"知识—经验定式",知识经验具有不断增长、不断更新的特点,从而有可能使我们看到它们的相对性,经过比较发现其局限性,进而开阔眼界,增强创新能力。知识经验又是相对稳定的,而且知识是以严密的逻辑形式表现出来的,因而又有可能导致对它们的崇拜,形成固定的思维模式,由此削弱想象力,造成创新能力的下降。

2. 扩展思维视角

肯定—否定—存疑。思维的"肯定视角",就是当头脑思考一种具体的事物或者观念的时候,首先设定它是正确的、好的、有价值的,然后沿着这种视角寻找这种事物或观念的优点和价值。思维中的"否定视角"正相反,否定也可以理解为"反向",就是从反面和对立面来思考一个事物,并在这种视角的支配下寻找这个事物或者观念的错误、危害、失败、缺少之类的负面价值。对于某些事物、观念或者问题,我们一时也许难以判定,那就不应该勉强地"肯定"或者"否定",不妨放下问题,让头脑冷却一下,过一段时间再进行判定。这就是"存疑视角"。

自我—他人—群体。我们观察和思考外界的事物总是习惯以自我为中心,即用我的目的、我的需要、我的态度、我的价值观念、我的情感偏好和审美情趣等,作为"标准尺度"去衡量外来的事物和观念。"他人视角"要求我们在思维过程中尽力摆脱"自我"的狭小天地,走出"围城",从别人的角度站在"城外"对同一事物和观念进行一番思考,发现创意的苗头。任何群体总是由个人组成的,但是对于同一事物,从个人的视角和从群体的视角,往往会得出不同的结论。

无序—有序—可行。"无序视角"的意思是说,我们在创意思维的时候,特别是在思维的初期阶段,应该尽可能地打破头脑中的所有条条框框,包括那些"法则""规律""定理""守则""常识"之类的东西,进行一番"混沌型"的无序思考。"有序视角"的含义是,我们的头脑在思考某种事物或者观念的时候,按照严格的逻辑来进行,透过现象看到本质,排除偶然性,认识必然性。创意的生命在于实施,我们必须实事求是地对观念和方案进行可行性论证,从而保证头脑中的新创意能够在实践中获得成功。这就是"可行视角"。

最后,我们应该牢记的是——创新思维是一种习惯。要想拥有这种习惯必须得通过认真地学习,掌握各种创新思维方法,科学有序的方法才是成功的坚实基础。

📖 拓展阅读

巴尔扎克的时间表

8:00—17:00,除早、午餐外,校对修改作品清样。

17:00—20:00,晚餐之后外出办理出版事务,或走访一位友人,或进古玩店过把瘾——寻求一件珍贵的摆设或一幅古画。

20:00—24:00,就寝。

0:00—8:00,起床写作,一直写到天亮。

——http://www.51edu.com/guanli/glsj/323435.html

(三)人际交往创新能力训练

人际交往的核心部分,一是合作,二是沟通。培养交往创新能力首先要有积极的心态,理解他人,关心他人。日常交往活动中要主动与他人交往,不要消极回避,要敢于接触,尤其是要敢于面对与自己不同的人,而且还要不怕出身、相貌、经历,不要因来自边远地区、相貌不好看或者经历不如别人而封闭自己。其次要从小做起,注意社交礼仪,积少成多。再次要善于去做,大胆走出校门,消除恐惧,加强交往方面的知识积累,在实际的交往过程中去体会,把握人际交往中的各种方法和技巧。另外,要认识到在与别人的交往中,打动人的是真诚,以诚交友,以诚办事。真诚才能换来与别人的合作和沟通,真诚永远是人类最珍贵的感情之一。

① 记住别人的姓或名,主动与人打招呼,称呼要得当,让别人觉得礼貌相待、倍受重视,给人以平易近人的印象。

② 举止大方、坦然自若,使别人感到轻松、自在,激发交往动机。

③ 培养开朗、活泼的个性,让对方觉得和你在一起是愉快的。

④ 培养幽默风趣的言行,幽默而不失分寸,风趣而不显轻浮,给人以美的享受。与人交往要谦虚,待人要和气,尊重他人,否则事与愿违。

⑤ 做到心平气和,不乱发牢骚,这样不仅自己快乐,别人也会心情愉悦。

⑥ 要注意语言的魅力:安慰受创伤的人,鼓励失败的人;恭维真正取得成就的人,帮助有困难的人。

⑦ 处事果断、富有主见、精神饱满、充满自信的人容易激发别人的交往动机,博得别人的信任,产生使人乐意交往的魅力。

(四)侦破推理创新能力训练

1. 以多元思考法提高思考能力

所谓"多元思考法",就是每件事情不要期待只有一种答案,而应多方面思考,创造复数的解决可能性。习惯多元思考法的人,不论面对任何问题都能从不同角度与观点分析,即使再大的难题,也能找出解决办法。要从不同立场进行思考,要养成边写边思考的习惯。

2. 提高逻辑思考能力

所谓"思考论理能力",简单讲就是面对问题时不可一厢情愿地埋头苦干。至于具体的论理思考训练法,则有三种——由宏观到微观、MECE 和逻辑树状图。

(1)由宏观到微观思考法

要设法掌握事情整体轮廓(进行数据调查和事件调查)。不要"瞎子摸象",以偏概全的错误想象。

（2）MECE 思考法

养成"由宏观到微观"的思考习惯之后，不妨进一步学习"MECE"思考模式。简单讲，"MECE"就是处理事情能够毫无遗漏、毫无重复。有"遗漏"就会错失机会；"重复"则白白浪费力气。

（3）逻辑树状图思考法

逻辑树状图可说是逻辑思考方法的集大成者。其特点主要是能有效处理事情的"大小关系""因果关系"与"阶层关系"。

3. 提高创造思考能力

点子不多、思考能力不强的人在企业界很容易被淘汰。如何提升自己的创造与思考能力呢？以下是三种不错的做法。

（1）经常脑力激荡

进行脑力激荡时必须做到如下几点：一是让各种点子尽量跑出来，二是模仿"接龙"方式，局部改良别人点子，形成新的创意。比如，讨论"空罐子的使用方式"这个课题时，有人说用来"装水"，当作茶杯。此时就可从"装"这个字延伸想到不只"装水"，也可"装土"，也就是当作盆栽。同样的道理，也能用来装烟灰，变成"烟灰缸"……可能性其实是无限的。

（2）点子一出来，就加以整理

根据研究，思考新点子可让右脑活性化；整理点子的过程属于论理，则能促进左脑活泼。因此，想出点子之后加以整理，即可同时训练左脑与右脑。更何况，点子必须经过评量以及其他人的考验。如果没有记录、整理，便会失去接受考验的机会。这样的点子通常用处不高。

（3）进行"重点化"与"分类"

活用点子，一定要经过"重点化"与"分类化"过程。

首先，"重点化"应区别"有用的点子"和"没用的点子"，并且将各种点子排定优先顺位，最有用的先挑出来。其次，"分类"必须把性质类似的点子放在一起，如此才能清楚呈现点子的特色。脑力激荡是否一定要聚集许多人在一起才能操作？其实不然，即使一个人也能达成脑力激荡的效果。

当然，一个人进行脑力激荡难度较高，所以必须养成习惯。比如，不妨每天用 5 分钟练习脑力激荡思考法，针对一个主题，3 分钟之内想出 20 个解决办法，5 分钟之内想出 30 个解决途径等。总而言之，养成脑力激荡的习惯，思考与创造能力自然一级棒。

实操训练 1

增强自我提升能力

请开拓你的思维，可以采取小组讨论的形式，回答以下几个问题。请注意：这些问题没有标准答案，可以设定假设，只要推断出结果并给出合理解释就可以。限时 15 分钟。

问题 1：如何在不折断尺子的情况下，使一把长的尺子变成短的尺子？

你的答案	

问题2：村里有3个懒汉，共同种了一块西瓜地，但是他们在向地里扔了一把种子后就不管不顾了，结果到了收获的季节，地里只长出两个西瓜。他们每人都要求自己必须得到这两个西瓜的三分之一，请问如果让你帮他们分，你会怎么办？

你的答案	

问题3：小明对小林说："你永远没有办法将一支笔放到一本书的80和81页中间，因为80和81页印在同一张纸上。"小林说："我有办法。"请问如果你是小林，你会有什么办法？

你的答案	

📄 实操训练2 🌸

自我提升游戏：不进则退

人数	不限	时间	5分钟
场地	空地或宽敞的室内	材料	皮筋
游戏步骤	1. 教师将事先准备好的皮筋分发给每一个学员 2. 学员用中指分别拉住皮筋的两端 3. 学员保持左手的中指不动，用右手的中指用力拉皮筋，直到皮筋的最大弹性 4. 学员用力拉皮筋，直到皮筋断裂		

人数	不限	时间	5分钟
场地	空地或宽敞的室内	材料	绳和皮筋

游戏步骤	1. 教师先准备好游戏道具：一根绳和一根韧性较大的皮筋 2. 挑选出一名学员，如右图所示。学员持绳的一端，另一端固定或让其他学员持有。用皮筋的一端套住挑选出来的该名学员，另一端固定或让其他学员持有 3. 让该学员抓住绳，沿绳端向前进 4. 如果是用其他学员固定绳或皮筋端，教师可以尝试增加和调换不同学员，看看效果	深信无力或不够格　你的现状　你的愿景

问题思考：

1. 游戏中，你是否感受到在你实现愿景的过程中会有一股反作用？

2. 你如何面对这股反作用？

实操训练 3

趣味游戏:疯狂的设计

游戏类型:联想型。

游戏目的:增强联想能力。

游戏人数:至少两个小组,每组 10 人左右。

游戏道具:小纸条、笔(工作者提前准备)。

游戏规则:

第一轮:小组成员派一个代表抽出一个工作者提前准备的 26 个字母中的两个,然后用最短的时间摆出这个字母。

第二轮:小组成员派一个代表抽出一个工作者提前准备的单词,然后用最短的时间摆出这个单词。

复习思考题

一、名词解释

1. 自我实现

2. 创新能力

3. 自我提升

4. 情绪自我意识

5. 情绪自我激励

6. 时间管理

二、单选题

1. (　　)是一种有目的和有计划的思维方式,在任何历史阶段都是一种先进的感知形式。

　　A. 期望

　　B. 观察

　　C. 分析

　　D. 想象

2. (　　)是人们探索新奇事物和复杂世界的心理倾向,正是这种内在动力驱使我们积极地观察生活、观察社会,发展创造性思维。

　　A. 期望值

　　B. 创造需求

　　C. 自我要求

　　D. 好奇心

3. (　　)是一种综合能力,与人们的知识、技能、经验、心态等有着密切的关系。

A. 学习能力

B. 目标规划能力

C. 抗压能力

D. 创新能力

4. 预期的情绪是预测他们将通过某种决定体验的情绪,(   )可以促使我们做出决定,而消极的情绪则相反。

A. 期望

B. 积极的期望

C. 消极的期望

D. 正确的期望

5. (   )是探索情绪、调整情绪、理解情绪并以正确方式放松情绪的正确方法。

A. 情绪管理

B. 情绪控制

C. 情绪分析

D. 情绪探索

6. (   )符合社会规范和时代要求,并成为负面情绪的高级宣泄。

A. 适度宣泄

B. 情绪升华

C. 自我安慰

D. 交往调节

三、判断题

1. 自我提升是一种代表性的自我激励,在提升的过程中,激励数值逐步增长,内心驱动因素也随之增加。   (   )

2. 如果一个人想卖给我们一些东西,那一定是用损失框架来引诱我们。   (   )

3. 如果一个人想买东西,他肯定会使用收入框架来抑制价格。   (   )

4. 培养创新能力与自我提升存在相互作用、相互成就的逻辑关系,一方提高,另一方也会受益,两者不可分割。   (   )

5. 预期情绪是决策过程中的预测情绪,它与决策过程中的情况一致。   (   )

6. 情绪的管理就是消除或抑制情绪。   (   )

7. 当情绪自我调节很低时,它总会让你陷入痛苦的情绪旋涡;相反,当情绪自我调节很高时,可以快速调整、控制和摆脱情绪上的挫折感。   (   )

8. 越是善解人意的人越容易进入他人的内心世界,越能感知到他人的情感状态。

(   )

9. 自尊、主观幸福和健康状况对时间管理产生重大影响,时间管理倾向与幸福之间存在显著的正相关关系,时间监控可直接影响幸福感。   (   )

10. 对于大学生创业者来说,良好的时间管理习惯可以有效地促进创业过程,极大提高创

业者的效率和质量,有助于提升创业者的创业信心。 （　　）

11. 对于未列入行动计划的事项,应遵照"重要性第一,紧迫性第二"原则确定是否应该为其实施分配时间资源。（　　）

模块七　探索创新实践

鄂温克旗——创业园里的创新故事（节选）

"我叫托迪，托起太阳的托，爱迪生的迪。"眼前这个短发姑娘，说起话来干脆利索、朝气十足。

作为厄鲁特蒙古族服饰非遗项目的第五代传承人，托迪在呼伦贝尔鄂温克旗民族文化产业创业园自主创业，开了一家店面。店里挂满了各种服饰，仔细端详，能看出是蒙古族风格，但似乎又和印象中传统的蒙古族服饰有些许不同。

当记者问起其中缘由，托迪没有直接回答，她走向一件衣服："你看，这是件风雨衣，我们呼伦贝尔人叫它'嗦卜'。"拿起衣襟一角，托迪接着说，"这件衣服的面料是俄罗斯进口毛呢，我只是在衣襟边加了了厄鲁特蒙古族服饰的花纹。"

"还有这件，是丝绸长衫，我只保留了民族盘扣元素，还有一点手绣图案做点缀。"托迪告诉记者，她的设计理念是做减法，化繁为简。

"我们厄鲁特蒙古族从新疆移牧呼伦贝尔的哈拉哈河流域，至今已有300年左右，祖辈们传下来的服饰风格样式、缝制技巧、选材制材用材等，并没有消失在漫长的历史长河中。"

"怎么让百年流传的民族服饰更适合现代化生活，这是我多年来思考的主要问题。"

"立领、右衽、偏襟、盘扣，是我们厄鲁特蒙古族服饰的最基本元素，保留这些元素，就保留了精气神，就可以在新材料新面料上做文章嘛。"

……

与托迪聊天，记者有种很强烈的感受：这是位有故事的非遗传承人。

"我从小看妈妈拿着手针起起落落，虽然高中毕业后去了国外留学，工作，但我心里对民族文化的热爱从来没有减轻过。"几年前，托迪下决心要把祖祖辈辈传下来的手艺发扬光大，回国后用了两年时间跟着妈妈系统学习，并在2015年再次出国，攻读服饰设计专业研究生。

"在国外时，妈妈给我打电话说，家乡要开个创业园，我们去开店创业吧，扶持力度很大呢！"心心念念"妈妈传承，我创新"的托迪与妈妈一拍即合。

2016 年,鄂温克旗民族文化产业创业园正式启动,现在已有非遗传承人 34 名。托迪成为其中一员,享受着免房租,免网络费,免费进行创业培训、创业指导,优先办理创业担保贷款等一系列优惠政策。

"这些优惠政策减轻了我的创业压力,让我能放心大胆地改良创新、专注设计。现在,我们订单不断!"接过妈妈的接力棒,托迪把国际视野和民族传统文化相结合,开始自己独具特色的非遗传承创新之路。

——《光明日报》,2022 年 11 月 15 日

小组活动

如何在创新的过程中,对非遗进行保护和传承?

7.1　发明实践

热身活动

2019 年 7 月,上海开始执行严格的垃圾分类。很多人搞不清楚不同的垃圾究竟该扔在哪里。其实,这个问题早在 2016 年就被 7 名小学生解决了。他们发明了一款"智能垃圾桶"——只要你说出垃圾的名字,相对应的垃圾桶就会自动打开!

从创意的构思到最后作品的完成,经历了 1 个月的时间。在这个过程中,孩子们完成了绘制草图、搭建垃圾桶、建立数据库、设计 App 等一系列工作。首先是确定了"智能垃圾桶"的四种分类(可回收垃圾、厨余垃圾、有害垃圾、其他垃圾)。然后在创造力实验老师的启发下,使用语音识别功能识别不同垃圾,还建立了垃圾名称库。

如今这个发明项目变成了"网红"!很多网友前来求购买链接,孩子们还为这款"智能垃圾桶"进行了专利注册,甚至已经有垃圾桶生产厂家找他们谈专利购买。

为了做好垃圾分类,你还能想到哪些好办法?

一、发明的内涵

发明是指针对技术领域发现的各种问题,指运用现有的科学知识和科学技术得到的具有首创性、新颖性、实用性和时间性的技术成果。发明必须具有首创性,即"前所未有",一般集中在技术领域。发明既可以是有形的物品,如新的机器设备、工具、物品等,也可以是无形的方法,如提供加工制作的新工艺、新方法等。

二、发明的种类

(一)专利发明与非专利发明

发明是指符合专利法要求,并成功申报专利,可以将发明分为专利发明和非专利发明

两类。

1. 专利发明

专利发明是指符合专利法要求并获得了相应专利权的发明创造。

2. 非专利发明

非专利发明是指未获得专利权的发明创造。以下两类发明不能申请专利。

（1）不符合专利法规定的发明

根据《中华人民共和国专利法》第五条：对违反法律、社会公德或者妨害公共利益的发明创造和对违反法律、行政法规的规定获取或者利用遗传资源，并依赖该遗传资源完成的发明创造，不授予专利权。同时规定，科学发现、智力活动的规则和方法、疾病的诊断和治疗方法、动物和植物品种、用原子核变换方法获得的物质以及对平面印刷品的图案、色彩或者二者的结合主要起标识作用的设计等方面的成果，不能申请专利。

（2）过于简单的发明

能够申请专利的发明必须是在现有基础上的显著进步，而不能只是对已有基础的显而易见的改良。除此之外，专利发明人的发明成果符合专利法规定，但自身未进行专利申报或者专利已经失效，均属于非专利发明。

（二）物品发明与方法发明

物品发明是指发明成果以有形的物品形式存在，具体可以分为材料类发明和器具类发明。

方法发明是指为解决某特定技术问题而采用的手段和步骤，如化学方法、机械方法、通信方法、生物方法、工作方法等。方法发明又可细分为制造方法发明、工作方法发明和使用方法发明三类。

（三）生活资料类发明与生产资料类发明

生活资料类发明是指应用于日常生活中以满足各种生活需求的发明，主要表现在衣食住行等日常生活的各个方面。

生产资料类发明主要应用于社会生产领域，分为农业生产资料类发明、工业生产资料类发明和服务业生产资料类发明。

三、发明的级别

苏联发明家根里奇·阿奇舒勒在其"发明问题解决理论"中，根据发明的难易程度，将发明分为了五个级别。

（一）第一级发明

这类发明是指在本领域范围内的正常设计，或仅对已有系统进行简单改进和仿制所做的工作，依靠设计人员自身掌握的常识和一般经验就可以完成，通常被称为不是发明的发明。该类发明大约占人类发明总数的32%。

（二）第二级发明

这类发明是通过对现有系统的某个组成部分进行改进,小幅度地提升现有技术系统的性能,属于小发明。这类发明需要设计人员对系统所在行业中不同专业的知识有所掌握,约占所有发明的45%。

（三）第三级发明

这类发明是指对已有系统的若干个组件进行改进,从根本上提升现有技术系统的性能,属于中级发明。这类发明需要一个学科以内的现有方法和知识,约占所有发明的18%。

（四）第四级发明

这类发明是在保持原有功能不变的前提下,用组合的方法构建新的技术系统,通常是采用全新的原理来实现系统的主要功能,全面升级现有的技术系统,属于大发明。这类发明需要设计人员能够熟悉不同科学领域的知识,在所有发明中所占的比例约为4%。

（五）第五级发明

这类发明是通过发现新的科学现象或新物质来建立全新的技术系统,推动了全球的科技进步,属于重大发明。该类发明在所有发明中所占的比例小于1%。

📖 拓展阅读

2019全球创新指数:中国排名再创新高

2019年全球创新指数于7月24日在印度首都新德里发布。根据新发布的指数,前十名分别是瑞士、瑞典、美国、荷兰、英国、芬兰、丹麦、新加坡、德国、以色列。中国排在第14位,较去年的第17位上升3位。与会专家表示,中国的国家创新能力还有很大的上升空间,这将推动创新指数世界排名的不断提升。

世界知识产权组织总干事弗朗西斯·高锐说,过去几年来,中国的创新指数排名迅速攀升,表现很突出,其中的原因在于中国非常重视和强调创新驱动经济发展和转型,从工厂向实验室的转型以及发展更多知识密集型的高级产业,在过去40年里建立了"一流的知识产权基础体系",并取得了卓著成效。

全球创新指数自2007年起每年由世界知识产权组织、美国康奈尔大学和英士国际商学院联合发布,通过量化指标展示各国创新能力的变化情况。中国连续四年保持上升势头:2016年的排名中,中国位列第25位;2017年中国位列第22位;2018年中国位列第17位;2019年,即刚刚发布的全球创新指数排名当中,中国位列第14位。

——http://www.xinhuanet.com/2019-07/24/c_1124795004.htm

四、如何开展发明实践

（一）建立对发明的正确认识

大学生一方面不要好高骛远，把注意力放到级别过高的发明上；另一方面也不要妄自菲薄，要增强参与创造发明的信心。

（二）培养兴趣并积累经验

大学生要注意在加强专业知识学习的同时建立自己的兴趣爱好，并通过参加学生社团、社会实践等形式积累相关经验，为自己打下开展创造发明的基础。

（三）善于发现并分析问题

在工作和生活中会遇到大量的问题，对这些问题需要进行分析和甄别，明确关键问题并寻找解决方案。在选择发明方向时要注意选择自己擅长的领域，便于开展下一步行动。

（四）掌握方法并制定方案

针对要解决的问题，运用创新思维和创新方法，寻找解决途径。通过自己积淀的相关知识以及查阅的相关资料来制定实施方案。在制定方案的过程中，注意方案的可行性和实施步骤的明确性。

（五）实施方案并总结成果

在制定出方案后，及时实施，不断寻求更好的解决途径，并在反复的实践过程中对解决方案进行优化。在问题得到解决后，对成果进行总结。

（六）学会进行成果保护

对取得的发明成果要有较强的保护意识，价值较高的成果要及时申请专利保护。

7.2 创 新 竞 赛

热身活动

你能说出几项大学生创新创业竞赛名称？

如果要参加创新创业竞赛，你认为要做哪些准备？

2014 年 9 月，李克强总理提出"大众创业、万众创新"，要在 960 万平方公里土地上掀起"大众创业""草根创业"的新浪潮，形成"万众创新""人人创新"的新势态。现在，"大众创业、万众创新"的理念正日益深入人心。随着各地各部门认真贯彻落实，业界学界纷纷响应,各种新产业、新模式、新业态不断涌现,有效激发了社会活力,释放了巨大创造力,成为经济发展的一大亮点。

为了鼓励更多的创业者,各级政府、组织开展了一系列的创新竞赛。2018年国务院发布了《关于推动创新创业高质量发展打造"双创"升级版的意见》,文件中指出:继续扎实开展各类创新创业赛事活动,办好全国"大众创业,万众创新"活动周,拓展"创响中国"系列活动范围,充分发挥"互联网＋"大学生创新创业大赛、中国创新创业大赛、"创客中国"创新创业大赛、"中国创翼"创业创新大赛、全国农村创业创新项目创意大赛、中央企业熠星创新创意大赛、"创青春"中国青年创新创业大赛、中国妇女创新创业大赛等品牌赛事活动作用。

一、中国"互联网＋"大学生创新创业大赛

祖国的青年一代有理想、有追求、有担当,实现中华民族伟大复兴就有源源不断的青春力量。希望你们扎根中国大地了解国情民情,在创新创业中增长智慧才干,在艰苦奋斗中锤炼意志品质,在亿万人民为实现中国梦而进行的伟大奋斗中实现人生价值,用青春书写无愧于时代、无愧于历史的华彩篇章。
——2017年8月15日,习近平给第三届中国"互联网＋"大学生创新创业大赛"青年红色筑梦之旅"的大学生的回信

(一)比赛简介

中国"互联网＋"大学生创新创业大赛首次举办于2014年,每年举办一次,现已经成为覆盖全国所有高校、面向全体高校学生、影响最大的赛事活动之一。大赛由教育部、中央网络安全和信息化领导小组办公室、国家发展和改革委员会、工业和信息化部、人力资源和社会保障部、环境保护部、农业部、国家知识产权局、国务院侨务办公室、中国科学院、中国工程院、国务院扶贫开发领导小组办公室、共青团中央共同主办。

1. 以赛促学,培养创新创业生力军

大赛旨在激发学生的创造力,培养造就"大众创业、万众创新"生力军;鼓励广大青年扎根中国大地了解国情民情,在创新创业中增长智慧才干,在艰苦奋斗中锤炼意志品质,把激昂的青春梦融入伟大的中国梦,努力成长为德才兼备的有为人才。

2. 以赛促教,探索素质教育新途径

把大赛作为深化创新创业教育改革的重要抓手,引导各地各高校主动服务国家战略和区域发展,开展课程体系、教学方法、教师能力、管理制度等方面的综合改革。以大赛为牵引,带动职业教育、基础教育深化教学改革,全面推进素质教育,切实提高学生的创新精神、创业意识和创新创业能力。

3. 以赛促创,搭建成果转化新平台

推动赛事成果转化和产学研用紧密结合,促进"互联网＋"新业态形成,服务经济高质量发展。以创新引领创业、以创业带动就业,努力形成高校毕业生更高质量创业就业的新

局面。

2019年3月至10月举办了主题为"敢为人先放飞青春梦 勇立潮头建功新时代"的第五届中国"互联网＋"大学生创新创业大赛。分四大参赛组别：高教主赛道，创意组、初创组、成长组、师生共创组；"青年红色筑梦之旅"赛道，公益组、商业组；职教赛道，创意组、创业组；国际赛道，商业企业组、社会企业组、命题组。涉及五大类别："互联网＋"现代农业、"互联网＋"制造业、"互联网＋"信息技术服务、"互联网＋"文化创意服务、"互联网＋"社会服务。

（二）比赛赛制

① 大赛采用校级初赛、省级复赛、全国总决赛三级赛制（不含萌芽版块）。校级初赛由各院校负责组织，省级复赛由各地负责组织，全国总决赛由各地按照大赛组委会确定的配额择优遴选推荐项目。大赛组委会将综合考虑各地报名团队数、参赛院校数和创新创业教育工作情况等因素分配全国总决赛名额。

② 全国共产生1 200个项目入围全国总决赛（港、澳、台地区参赛名额单列），其中高教主赛道600个，"青年红色筑梦之旅"赛道200个、职教赛道200个、萌芽版块200个。此外，国际赛道产生60个项目进入全国总决赛现场比赛。

③ 高教主赛道每所高校入选全国总决赛项目总数不超过4个，"青年红色筑梦之旅"赛道、职教赛道、国际赛道（国内外双学籍类）、萌芽版块每所院校入选全国总决赛项目各不超过2个。

（三）奖项设置

1. 高教主赛道

设金奖50个、银奖100个、铜奖450个。另设港、澳、台项目金奖5个、银奖15个、铜奖另定。设最佳创意奖、最具商业价值奖、最具人气奖各1个。设高校集体奖20个、省市优秀组织奖10个（与职教赛道合并计算）和优秀创新创业导师若干名。

2. "青年红色筑梦之旅"赛道

设金奖15个、银奖45个、铜奖140个。设"乡村振兴奖""精准扶贫奖""网络影响力奖"等单项奖若干。设"青年红色筑梦之旅"高校集体奖20个、省市优秀组织奖8个和优秀创新创业导师若干名。

3. 职教赛道

设金奖15个、银奖45个、铜奖140个。设院校集体奖20个、省市优秀组织奖10个（与高教主赛道合并计算）和优秀创新创业导师若干名。

4. 萌芽版块

设20个创新潜力奖和单项奖若干。设萌芽版块集体奖20个，优秀创新创业导师若干名。

5. 国际赛道

设金奖15个、银奖45个。设置组织、宣传奖，鼓励对参赛项目组织或宣传做出突出贡献的机构或个人。

（四）赛程安排

① 报名时间：每年 3—5 月。

② 比赛时间：6 月高校初赛，7—9 月省市复赛，10 月全国总决赛。

表 7-1　第五届中国"互联网＋"大学生创新创业大赛全国总决赛职教赛道金奖获奖情况

序号	参赛项目	学校
1	油光光改性纤维球	天津市职业大学
2	BuleWind——全新烟气治理解决方案	天津轻工职业技术学院
3	蒲蒂——让中国的插花艺术绽放于世界舞台	上海城建职业学院
4	智宸科技——非牛顿流体纳米液体减速带领跑者	南京工业职业技术学院
5	Bcent——七彩童年陪伴者	南京工业职业技术学院
6	领域之心——国内领先的数据安全服务商	常州信息职业技术学院
7	云 SIM 流量达人	苏州经贸职业技术学院
8	小莓好——开拓科技兴农新时代	江苏农林职业技术学院
9	尿宝——失能老人接尿的智能伴侣	扬州工业职业技术学院
10	云木稚趣——做最专业的木制玩教具供应商	浙江师范大学
11	中娱传媒——国内网络直播领域的深耕、引领者	芜湖职业技术学院
12	"仓管家"——快消品类中小微企业仓配一体化服务商	安徽财贸职业学院
13	让机器人畅快奔跑——极创机器人底盘项目	山东商业职业技术学院
14	智慧融自·中央热水节能管家——一个为中央热水系统省钱、省力、省心的能源监管平台	长沙民政职业技术学院
15	智慧运维,伏电生财	湖南铁路科技职业技术学院
16	智能点胶机器人	广州番禺职业技术学院
17	蜜思优蜂——国内首家掌握大规模单一酿造药蜜技术的企业	云南经济管理学院
18	小微颗粒播种机——助推脱贫攻坚、助力精准扶贫	兰州职业技术学院

📖 拓展阅读

"90后"女孩有点"田"

　　"我们将带动更多农民就业，一直扎根土地，让农民和消费者共享美好生活。"在全国第四届"互联网＋"大学生创新创业大赛上，扬州工业职业技术学院毕业生丁蓉蓉以自身创业经历形成的作品《"90后"女孩有点"田"》，与清华大学、浙江大学等院校学生同台竞技，最终以就业创业组全国第一名的成绩获得金奖。该项目也被评为"最佳带动就业奖"。金奖的鼓励和肩头沉甸甸的责任更激发了丁蓉蓉的信心，一回到家，她又全身心扑到基地上。

倔强女生休学种田

丁蓉蓉生活在鱼米之乡淮安,从小在父亲经营的蔬菜大棚里长大,对农业有着深厚感情。

2013年暑假,丁蓉蓉去日本旅游时,首次尝到一种名叫冰草的蔬菜,冰草嫩脆爽口的口感和丰富的营养让她印象深刻。"冰草的价格折合人民币每斤要七八十元,随着中国老百姓消费升级,引入国内应该很有消费前景。"回国后,丁蓉蓉开始说服父亲试种冰草。

费了很大周折,丁蓉蓉将每斤5万元的冰草种子引入国内。但父亲试种一年,反复试验都没有成功:冰草发芽率极低,品质也不稳定。"不能眼看着家里的投资打水漂,冰草在国内市场肯定有发展机会。"一向不服输的丁蓉蓉毅然选择休学。

"你的任务就是学习,我不同意你休学。"父亲心疼女儿,不想影响她的学业,"再说了,你一个女孩子,哪懂怎么种冰草。"村里也有人说,丁家培养出了一名大学生,到头来还是回乡种地。

"冰草通"遇到新问题

为早日完成冰草种植试验,她天天吃住在大棚里,晴天一身土,雨天一身泥。上网查资料,到处请教农业专家成了家常便饭。经过反复试验,2014年冬天,她终于掌握了适合冰草生长的温度、湿度、土壤酸碱度、光照强度等环境数据,成为江苏规模化种植冰草第一人。

此后,在长达18个月的时间里,她用8个大棚进行试验,并在2016年5月成功实现冰草引种驯化,培育出新品种——大叶冰草,将冰草种子的价格降到每斤3 000元,打破了国外对冰草种子的垄断。

解决了引种驯化问题,新问题又出现在丁蓉蓉面前。

2016年9月,她遭遇了创业以来的最大困难。"一开始,只想着将冰草种植规模扩大,没考虑推广问题,结果冰草压在家里销不出去。"丁蓉蓉回忆说,"最困难的时候身上连200元都没有,我都打算放弃了。"后来,她将自己的创业情况告诉了母校创业学院教师颜正英。在颜正英的帮助下,丁蓉蓉申请并顺利获得创业雏鹰基金1万元。学校还找专家帮助她解决高产栽培技术和销售难题。

她的经历成创业教材

冰草种植基地有起色后,丁蓉蓉选择回到学校继续学业,并努力学习财务、销售知识。失败的经历也让她意识到,创业不仅要懂技术,还要掌握财务、销售、管理方面的知识。

有了扎实功底,加上新品种口感好、营养高,大叶冰草很快得到市场认可。2018年上半年,丁蓉蓉基地的冰草、草莓、苦菊等农产品营业额突破1 500万元。冰草占据了淮安地区90%以上、华东地区40%的市场份额。种植基地也从最初的数十亩迅速扩大到300多亩,成为华东地区最大的冰草种植基地,并被评为"全国供销合作社系统农民专业合作社示范社""省级园艺作物标准园"。

2018年6月,南京市江宁区政府将丁蓉蓉的冰草项目引入南京谷里国家现代农业示范园区,投入4 000万元建成国际标准大棚,供她从事冰草研究和种植。如今,南京江宁谷里国家现代农业示范园区、淮安码头镇国家农业科技园区都有丁蓉蓉的智能化冰草种植基地。

"不要光想着做生态农业,还要改变农业生态,带领农民致富。"在父亲的鼓励下,丁蓉蓉积极带动当地农户就业,促进农业结构转型升级。

——《中国教育报》,2018 年 12 月 11 日

二、"创青春"全国大学生创业大赛

(一)赛事简介

2013 年 11 月 8 日,习近平总书记向 2013 年全球创业周中国站活动组委会专门致贺信,特别强调了青年学生在创新创业中的重要作用,并指出全社会都应当重视和支持青年创新创业。党的十八届三中全会对"健全促进就业创业体制机制"做出了专门部署,指出了明确方向。为贯彻落实习近平总书记系列重要讲话和党中央有关指示精神,适应大学生创业发展的形势需要,在原有"挑战杯"中国大学生创业计划竞赛的基础上,共青团中央、教育部、人力资源社会和保障部、中国科协、全国学联决定,自 2014 年起共同组织开展"创青春"全国大学生创业大赛,每两年举办一次。

(二)项目分组

商工组、农业农村组、互联网组根据参赛项目所处的创业阶段及企业创办年限(以工商登记为准)不同,分设创新组、初创组、成长组;其中,农业农村组另设电商组。企业创办年限划分以 2019 年 6 月 30 日为界。

① 创新组为未进行企业登记注册、尚处于商业计划书阶段的创业项目。

② 初创组为企业登记注册时间不超过 2 年(含)的创业项目。

③ 成长组为企业登记注册时间在 2—5 年(含)之间的创业项目。

④ 电商组为企业登记注册时间在 5 年(含)以内的创业项目。

(三)奖励及激励

全国赛设金奖、银奖、铜奖、优秀奖。获奖项目将获得全国组织委员会颁发的相应等次的奖杯和证书,并获得各主办单位给予的相关优惠政策。

1. 政策支持

在符合中央网信办、工业和信息化部、人力资源和社会保障部、农业农村部、商务部、国务院扶贫办等政策要求的条件下,可优先给予相关政策支持。

2. 融资服务

可优先推荐在"中国青年创新创业板"和各地青年创业板挂牌展示或融资,并视情况给予一定额度挂牌补贴;可优先推荐给大赛相关创投机构洽谈融资合作事项。

3. 培育孵化

可申请入驻大赛合作园区,优先享受优惠的创业支持政策和优质的创业孵化服务;可优先推荐导师"一对一"服务;可优先推荐在中国青年信用体系相关平台中接受激励措施。

4. 社会荣誉

可申报"中国青年创业奖""全国农村青年致富带头人"等奖项,在同等条件下予以优

先考虑。

5. 会员推荐

可申请加入中国青年创业联盟、中国青年电商联盟会员，可申请加入中国青年企业家协会、中国农村青年创业致富带头人协会会员，予以优先推荐。

6. 展示交流

可优先推荐参加全国"大众创业，万众创新"活动周、世界互联网大会等相关活动。

（四）赛程安排

① 报名时间：5 月。

② 比赛时间：8 月地区赛，10 月全国总决赛。

三、中国创新创业大赛

（一）赛事简介

中国创新创业大赛是由科技部、财政部、教育部和中华全国工商业联合会共同指导举办的一项以"科技创新，成就大业"为主题的全国性创业比赛。

大赛是由科技部、财政部、教育部和全国工商联共同指导举办的国内规格最高的创新创业赛事。大赛秉承"政府主导、公益支持、市场机制"的模式，既有效发挥了政府的统筹引导能力，又最大化聚合激发了市场活力。

（二）参赛对象

① 企业具有创新能力和高成长潜力，主要从事高新技术产品研发、制造、服务等业务，拥有知识产权且无产权纠纷。

② 企业经营规范、社会信誉良好、无不良记录，且为非上市企业。

③ 企业上一年包括这一年营业收入不超过 2 亿元人民币。

④ 企业注册成立时间在 2008 年 1 月 1 日（含）以后。

⑤ 大赛按照初创企业组和成长企业组进行比赛。工商注册时间在 2017 年 1 月 1 日（含）之后的企业方可参加初创企业组比赛，工商注册时间在 2016 年 12 月 31 日（含）之前的企业只能参加成长企业组比赛。

⑥ 前几届大赛全国总决赛或全国行业总决赛获得一、二、三名或一、二、三等奖的企业不参加本届大赛。

（三）赛程安排

大赛分报名、地方赛和总决赛三个阶段。

① 报名时间：6 月。

② 地方赛：8、9 月。

③ 总决赛：9—11 月。

四、"挑战杯"全国大学生系列科技学术竞赛

（一）赛事简介

由共青团中央、中国科协、教育部和全国学联、地方省级人民政府共同主办的全国性大学生课外学术科技创业类竞赛，承办高校为国内著名大学。"挑战杯"竞赛在中国共有两个并列项目：一个是"挑战杯"全国大学生课外学术科技作品竞赛（大挑）；另一个则是"挑战杯"中国大学生创业计划竞赛（小挑）。这两个项目的全国竞赛交叉轮流开展，每个项目每两年举办一届。"挑战杯"系列竞赛被誉为中国大学生科技创新创业的"奥林匹克"盛会，是目前国内大学生最关注最热门的全国性竞赛，也是全国最具代表性、权威性、示范性、导向性的大学生竞赛。自1989年首届竞赛举办以来，"挑战杯"竞赛始终坚持"崇尚科学、追求真知、勤奋学习、锐意创新、迎接挑战"的宗旨，在促进青年创新人才成长、深化高校素质教育、推动经济社会发展等方面发挥了积极作用，在广大高校乃至社会上产生了广泛而良好的影响。

（二）项目分类

参加"挑战杯"大学生课外学术科技作品竞赛的作品一般分为三大类：自然科学类学术论文、社会科学类社会调查报告和学术论文、科技发明制作。

（三）参赛及奖项设置

凡在举办竞赛终审决赛的当年7月1日前正式注册的全日制非成人教育的各类高等院校的在校中国籍本专科生和硕士研究生、博士研究生（均不含在职研究生），都可申报参赛。每个学校选送参加竞赛的作品总数不得超过6件（每人只限报1件作品），其中，研究生的作品不得超过3件，博士研究生作品不得超过1件。各类作品先经过省级选拔或发起院校直接报送至组委会，再由全国评审委员会对其进行预审，并最终评选出80%左右的参赛作品进入终审。终审的结果是，参赛的三类作品各有特等奖、一等奖、二等奖、三等奖，且分别约占该类作品总数的3%、8%、24%和65%。

7.3　商业模式创新

🏃 **热身活动**

基于社区社群团购，绘制商业画布。

内容包含：

（1）客户细分——找出你的目标用户；

（2）价值定位——你所提供的产品或服务；

（3）渠道通路——分销路径及商铺；

（4）客户关系——你想同目标用户建立怎样的关系；

（5）收入来源；

（6）核心资源——资金、人才；

（7）关键业务——市场推广、软件编程；

（8）重要伙伴；

（9）成本结构。

目的：学会分析科技与商业的融合思维。

商业模式创新的机会一直存在，分析和理解商业模式竞争的逻辑，对于设计一个好的商业模式，或者对不同的商业模式进行预判和选择，会有很大的帮助。一个定位准确的商业模式会对企业的快速发展起到决定性作用。

> 加强基础研究，突出原创，鼓励自由探索。提升科技投入效能，深化财政科技经费分配使用机制改革，激发创新活力。加强企业主导的产学研深度融合，强化目标导向，提高科技成果转化和产业化水平。强化企业科技创新主体地位，发挥科技型骨干企业引领支撑作用，营造有利于科技型中小微企业成长的良好环境，推动创新链产业链资金链人才链深度融合。
>
> ——2022年10月16日，习近平总书记在党的二十大报告中强调

一、认知商业模式创新

（一）商业模式创新的含义

商业模式是指把能使企业运行的内外各要素整合起来，形成一个完整的、高效率的、具有独特核心竞争力的运行系统，并通过最好的实现形式来满足客户需求、实现各方（包括客户、员工、合作伙伴、股东等利益相关者）价值，同时使系统达成持续盈利目标的整体解决方案。

商业模式创新是改变企业价值创造的基本逻辑，以提升顾客价值和企业竞争力的活动，既可包括多个商业模式构成要素的变化，也可包括要素间关系或者动力机制的变化。

商业模式的创新是把新的商业模式引入社会的生产体系，并为客户和自身创造价值。通俗地说，商业模式的创新是指企业以新的有效方式赚钱。商业模式的创新属于企业最本源的创新。离开商业模式，其他的管理创新、技术创新都失去了可持续发展的可能和盈利的基础。商业模式的创新要求不仅仅是产品和技术的创新，更是强调企业整个商业系统的创新。如果说依靠产品技术创新是让一座大厦的某个局部（比如外墙）更美的话，那么商业模式的创新，则是让整座大厦更美好。

（二）商业模式创新的特点

1. 注重客户体验

商业模式的创新更注重从客户的角度，从根本上思考和设计企业的行为，视角更为外向和开放，更多注重和涉及企业经济方面的因素。商业模式创新的出发点，是如何从根本上为客户创造增加的价值。因此，逻辑思考的起点是客户的需求，根据客户需求考虑如何有效满足它。

2. 顺应形势

好的商业模式都是适应形势、顺势而为的产物。在国内互联网行业，每一个崛起的互联网品牌的背后都有着自己独特的商业模式支撑，如腾讯 QQ 的背后是即时通信，盛大游戏的背后是游戏，百度的背后是搜索，优酷的背后是视频，携程、当当的背后是电子商务，前程无忧的背后是招聘等，这些知名互联网品牌无不是某种互联网商业模式的代表。

3. 能提供独特价值

有时候这个独特的价值可能是新的思想；而更多的时候，它往往是产品和服务独特性的组合。这种组合要么可以向客户提供额外的价值；要么客户能用更低的价格获得同样的利益，或者用同样的价格获得更多的利益。商业模式的创新表现得更为系统和根本，它不是单一因素的变化。它常常涉及商业模式多个要素同时的较大的变化，需要企业组织的较大战略调整，是一种集成创新。商业模式的创新往往伴随产品、工艺或者组织的创新；反之，则未必足以构成商业模式的创新。

4. 难以被竞争者模仿

从绩效表现看，商业模式的创新如果提供全新的产品或服务，那么它可能开创了一个全新的可盈利的产业领域，即便提供已有的产品或服务，也能给企业带来更持久的盈利能力与更大的竞争优势。传统的创新形态能带来企业局部内部效率的提高、成本降低，而且容易被其他企业在较短时期内模仿。

5. 脚踏实地

企业要做到量入为出、收支平衡。脚踏实地就是实事求是，就是把商业模式建立在对客户行为的准确理解和假定上。这个看似不言而喻的道理，要想年复一年、日复一日地做到，却并不容易。只有脚踏实地，一步一个脚印地走下去，才能获得成功。

> 我国古人说："非学无以广才，非志无以成学。"大学的青春时光，人生只有一次，应该好好珍惜。为学之要贵在勤奋、贵在钻研、贵在有恒。鲁迅先生说过："哪里有天才，我是把别人喝咖啡的工夫都用在工作上的。"大学阶段，"恰同学少年，风华正茂"，有老师指点，有同学切磋，有浩瀚的书籍引路，可以心无旁骛求知问学。此时不努力，更待何时？要勤于学习、敏于求知，注重把所学知识内化于心，形成自己的见解，既要专攻博览，又要关心国家、关心人民、关心世界，学会担当社会责任。
>
> ——2014 年 5 月 4 日，习近平在北京大学师生座谈会上讲话

二、工业革命带来的商业模式变化

（一）数字消费

随着市场的数字化发展日渐成熟，消费者行为也发生相应变化，新兴市场在数字化发展过程中也变得更加复杂，出现下列六大变化。

① 社交媒体依然占据主导，其他平台的影响力也日益增强。

② 便利性成为一大影响因素，网上商城推出的折扣活动通常会大大地刺激新兴市场消费者的购买冲动。

③ 消费者愈加重视购物体验，眼光更挑剔，比如具有推荐功能或能显示自己试穿试戴效果的模拟体验的应用程序将受到消费者欢迎。

④ 支付方式数字化。在数字化发展更成熟的国家，电商交易往往不是通过现金，而是利用数字支付方式，具体形式取决于当地已有的金融基础设施。

⑤ 以消费者为导向的产品。让消费者参与产品设计，并量身定制解决方案。

⑥ 针对性强、社交性强的品牌。企业扩大规模和打响品牌，更有针对性地向特定受众投放信息并充分利用社交媒体的影响力。

（二）智慧物流

物流是物品从供应地向接收地的实体流动过程中，根据实际需要，将运输、储存、装卸搬运、包装、流通加工、配送等功能有机结合起来实现用户要求的过程。智慧物流（intelligent logistics）是指通过智能硬件、物联网、大数据等智慧化技术与手段，提高物流系统分析决策和智能执行的能力，提升物流系统的智能化、自动化水平。

相比于传统的物流模式，智慧物流以互联网为依托，在物流领域广泛应用物联网、大数据、云计算、人工智能等新一代信息技术与设备，将物流活动各环节及供应链上下游互联互通，是一场"流通革命"。智慧物流是物流业转型升级的必由之路，引领行业发展趋势，是降本增效的重要手段，是行业发展新的价值体现。物流企业对智慧物流的需求主要集中在物流大数据、物流云、物流模式和物流技术四大领域，物流信息化、自动化、智能化技术广泛应用，如图 7-1 所示。

智慧物流的出现不仅大大降低了制造业、物流业等行业的运输、管理成本，切实提高企业的利润，也让生产商、批发商、零售商等三方通过智慧物流提供的高效协同的方式实现信息共享，最大限度地控制成本。

根据中国物流与采购联合会数据，当前物流企业对智慧物流的需求主要包括物流数据、物流云、物流设备三大领域。

智慧物流数据服务市场（形成层）：处于起步阶段，其中占比较大的是电商物流大数据，随数据量积累以及物流企业对数据的逐渐重视，未来物流行业对大数据的需求前景广阔。

智慧物流云服务市场（运转层）：基于云计算应用模式的物流平台服务在云平台上，

所有的物流公司、行业协会等都集中整合成资源池，各个资源相互展示和互动，按需交流，达成意向，从而降本增效。

智慧物流设备市场（执行层）：是智慧物流市场的重要细分领域，包括自动化分拣线、物流无人机、冷链车、二维码标签等各类智慧物流产品。

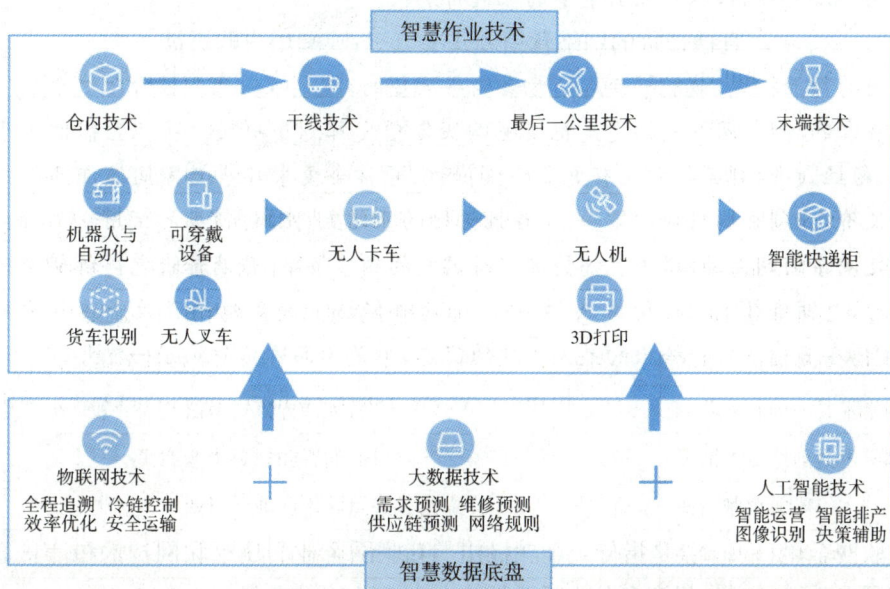

图 7-1　智慧物流技术应用

拓展阅读

直播带货商业模式

2019 年的"双 11"，淘宝直播成了最大亮点。数据显示，天猫"双 11"开场仅 1 小时 3 分钟，直播引导的成交就超过去年"双 11"全天；8 小时 55 分，淘宝直播引导成交已破 100 亿元；"双 11"全天，淘宝直播带来的成交额近 200 亿元，在头部主播动辄上亿元带货的驱动下，全民似乎陷入了一场直播狂欢。不论大小品牌，只要能进入直播间，就意味着一个季度或者半年的 KPI 就有了保障。相较于创意成本高、投放周期长，且对销售增长的作用无法准确评估的品牌营销而言，直播电商的投资回报率算得明明白白，且在提升销量方面呈现碾压之势。

直播带货的网络营销方式要点一：引起用户兴趣

对于企业来说，用户在哪里，金钱就在哪里。再从消费层面来看，直播平台上的用户大多是年轻消费者，尤其以女性居多，她们潜在消费能力巨大，推动着短视频营销的发展。要引起用户的兴趣很简单，头部主播们各自依靠团队策划出来的人设、定位，以及具有鲜明特色的直播方式，结合产品的特色和卖点，已经能够把粉丝拿捏得分毫不差。

直播带货的网络营销方式要点二:互动

直播平台互动机制很关键。在直播带货的网络营销过程中,主播可以在视频内容中通过积极频繁的互动与粉丝形成一种良性情感交换,从而可以尽快地形成企业的优质口碑效应来吸引更多的粉丝加入。企业在保证粉丝数量的基础之上,也可以根据粉丝的留言或评论来改善产品,从而吸引更多的人进行购买。

直播带货的网络营销方式要点三:唤醒用户购买欲

任何的商业模式,最能够唤起消费者购买欲望的,就是性价比。性价比这个词一直撩拨着消费者的神经,网红直播更是把唤醒购买欲望发挥到了极致。头部主播们由于带货能力强、粉丝众多,对品牌方也有更多的议价权,通常会要求在直播期间保证品牌产品的全网最低价,以刺激购买和回馈粉丝,在性价比的基础上再通过商品的试用、专业的解说、与粉丝之间亲密的互动、根据直播情况实时调整的销售策略,让消费者觉得物超所值。对品牌而言,电商直播的"低价爆款"打法是一门必修课。大品牌的爆款产品本身自带流量,但主播在直播预售中给出的最大力度的优惠,更是为品牌卖货添了一把火。

——https://www.rsnet.com.cn/news/network/419.html

(三) 互联网金融

互联网金融(ITFIN)是指传统金融机构与互联网企业利用互联网技术和信息通信技术实现资金融通、支付、投资和信息中介服务的新型金融业务模式。

1. 众筹

大众筹资或群众筹资,用团购预购的形式向网友募集项目资金的模式。众筹的本意是利用互联网和SNS传播的特性,让创业企业、个人对公众展示他们的创意及项目,争取大家的关注和支持,进而获得所需要的资金援助。

2. 第三方支付(third-party payment)

具备一定实力和信誉保障的非银行机构,借助通信、计算机和信息安全技术,采用与各大银行签约的方式,在用户与银行支付结算系统间建立连接的电子支付模式。

3. 数字货币

以比特币等数字货币为代表的互联网货币爆发,从某种意义上来说,比其他任何互联网金融形式都更具颠覆性。

4. 大数据金融

集合海量非结构化数据,通过对其进行实时分析,可以为互联网金融机构提供客户全方位信息;通过分析和挖掘客户的交易和消费信息掌握客户的消费习惯,并准确预测客户行为,使金融机构和金融服务平台在营销和风险控制方面有的放矢。

7.4　创新成果保护

热身活动

请和同学一起玩巧算24点，三局两胜，并尝试总结规律。

"巧算24点"的游戏内容如下：一副牌中抽去大小王剩下52张（如果初练也可只用1—10这40张牌），任意抽取4张牌（称牌组），用加、减、乘、除（可加括号）把牌面上的数算成24。每张牌必须用一次且只能用一次，如抽出的牌是3、8、8、9，那么算式为$(9-8) \times 8 \times 3$ 或 $(9-8 \div 8) \times 3$ 等。

大学生创新实践的主要成果包括思路和实际操作成果。对于实际成果，团队成员之间要协商充分，尤其是涉及经济利益和各类成果排名时，需要充分交流，避免不必要的麻烦。如果是思路具有易被模仿的特性，那么就需要特别注意做好保密工作。当然如果是商业模式的创新，可以通过申报专利的方式对其进行一定的保护。一般对于和经济价值相关的实践成果有两种保护思路：一是申报专利，二是严格保密。例如，可口可乐的配方就是严格保密的，而没有申报专利。此处重点讲解一下专利的申报和商业模式的专利保护。

一、专利保护

专利权可以保护知识产权，有效提升人们发明创造的热情。在我国，专利实行先申请原则，所以要把握好先机，对于自己的专利一定要及时申请，从学校渠道进行申报，相关费用学校也会给予一定的支持。另外，对于专利如何撰写及优化，学校对此也有一定的辅导。

（一）如何分辨专利的三大类型

1. 专利类型中的重要组成——发明专利

《专利法》所称发明是指对产品、方法或者其改进所提出的新的技术方案，是全新的创造，是专利中的重要组成部分。其特点是：①发明是一项新的技术方案；②发明分为产品发明和方法发明两大类型。产品发明包括所有由人创造出来的物品，方法发明包括所有利用自然规律通过发明创造产生的方法。方法发明又可以分为制造方法和操作使用方法两种类型。

2. 专利类型中的改良成果——实用新型专利

《专利法》所称实用新型，是指对产品的形状、构造或者其结合所提出的适于应用的新的技术方案。实用新型与发明的不同之处在于：第一，实用新型只限于具

> 我们要为我们的产品创造需求。
> ——安迪·格罗夫

有一定形状的产品,不能是一种方法,也不能是没有固定形状的产品;第二,对实用新型的创造性要求不太高,而实用性较强。

比如,产品的形状是指产品所具有的、可以从外部观察到的确定的空间形状。对产品形状所提出的技术方案可以是对产品的三维形态的空间外形所提出的技术方案,如对凸轮形状、刀具形状做出的改进;也可以是对产品的二维形态所提出的,如对型材的断面形状的改进。

3. 专利类型中的外部工艺——外观设计专利

外观设计是指工业品的外观设计,也就是工业品的式样。它与发明或实用新型完全不同,即外观设计不是技术方案。我国《专利法》第二条中规定:"外观设计,是指对产品的形状、图案或者其结合以及色彩与形状、图案的结合所做出的富有美感并适于工业应用的新设计。"可见,外观设计专利应当符合以下要求。

① 是指形状、图案、色彩或者其结合的设计;

② 必须是对产品的外表所做的设计;

③ 必须富有美感;

④ 必须是适于工业上的应用。

(二)专利申请的方式——委托专利服务机构代理申请专利

1. 咨询

① 确定发明创造的内容是否属于可以申请专利的内容;

② 确定发明创造的内容可以申请哪一种专利类型(发明、实用新型、外观设计)。

2. 签订代理委托协议

此时签订代理协议的目的是明确申请人和专利代理机构之间的权利和义务,主要是约束专利代理人对申请人的发明创造内容负有保密的义务。

3. 技术交底

① 申请人向专利代理人提供有关发明创造的背景资料或委托检索有关内容;

② 申请人详细介绍发明创造的内容,帮助专利代理人充分理解发明创造的内容。

4. 确定申请方案

代理人在对发明创造的理解基础上,会对专利申请的前景做出初步的判断,对专利授权可能性很小的申请将建议申请人撤回,此时代理机构将会收取少量咨询费,大部分申请代理费用将返还申请人。若专利授权前景较大,专利代理人将提出明确的申请方案、保护的范围和内容,在征得申请人同意的条件下开始准备正式的申请工作。

5. 准备申请文件

① 撰写专利申请文件;

② 制作申请书文件;

③ 提交专利申请并获取专利申请号。

6. 审查

中国专利局会对专利申请文件进行审查,在审查过程中,专利代理人会要求申请人配合代理人完成专利补正、意见陈述、答辩、变更等工作。

7. 审查结论

中国专利局根据审查情况将会做出授权或驳回审查结论,这一过程花费的时间一般为:外观设计6个月左右,实用新型10—12个月左右,发明专利2—4年。

办理专利登记手续或复审请求:如果专利申请被授权,则根据专利授权通知书的要求办理登记手续,领取专利证书;如果专利申请被驳回,则根据具体的情况确定是否提出复审请求。

（三）专利申请的方式——自行申请专利

① 应以书面形式向国家知识产权局专利局提出申请。

② 应按专利局要求交纳各种费用。

③ 申请发明专利或实用新型专利的必须提交:请求书、说明书、权利要求书、说明书摘要等文件,有附图的还要提交说明书附图和摘要附图。

④ 申请外观设计专利的必须提交请求书、外观设计图或照片,必要时还要提交外观设计简要说明。

⑤ 发明或实用新型专利申请的说明书应当写明发明或实用新型的名称,该名称与请求书的名称一致。说明书应当包括下列内容。

a. 技术领域:写明要求保护的技术方案所属的技术领域。

b. 背景技术:写明对发明或实用新型理解、检索、审查有用的背景技术;有可能的,并引证反映这些背景技术的文件。

c. 发明内容:写明发明或实用新型所解决的技术问题采用的技术方案,并对照现有技术写明发明或实用新型的有益效果。

d. 附图说明:说明书有附图的,对各幅图作简略说明。

e. 具体实施方式:详细写明申请人认为实现发明或实用新型优选方式,必要时举例说明;有附图的,对照附图。

f. 权利要求书应当说明发明或实用新型的技术特征,清楚、简要地表述保护的范围。权利要求书有几项权利要求的,应当用阿拉伯数字顺序编号。

g. 说明书摘要应当说明发明或实用新型专利申请所公开内容的概要,即写明发明或实用新型的名称和所属的技术领域,并清楚地反映所要解决的技术问题、解决该问题的技术方案的要点以及主要用途。摘要文字部分不得超过300个字,摘要中不得使用商业性宣传用语。

h. 关于申请专利的其他未尽事宜可以参看《中华人民共和国专利法》《中华人民共和国专利法实施细则》等有关法律和法规文件。

（三）申请专利需要注意哪些事项

① 申请发明专利或者实用新型专利,需提交请求书、说明书及其摘要和权利要求书等文件。请求书应当写明发明或者实用新型的名称,发明人或者设计者的姓名,申请人姓

名或者名称、地址,以及其他事项。说明书应当对发明或者实用新型做出清楚、完整的说明,必要时应当有附图。摘要应当简要说明发明或者实用新型的技术要点。权利要求书应当以说明书为依据,说明要求专利保护的范围。

② 申请外观设计专利,需提交请求书以及该外观设计的图片或照片等文件。

③ 国务院专利行政部门收到专利申请文件之日为申请日。如果申请文件是邮寄的,以寄出的邮戳日为申请日。

④ 国务院专利行政部门收到发明专利后,经初步审查认为符合要求的,自申请之日起满十八个月,即行公布。国务院专利行政部门可以根据申请人的请求提前公布其申请。

⑤ 发明专利申请经实质审查没有发现驳回理由的,由国务院专利行政部门做出授予发明专利权的决定,发给发明专利证书,同时予以登记和公告。发明专利权自公告之日起生效。

⑥ 实用新型和外观设计专利申请经初步审查没有发现驳回理由的,由国务院专利行政部门做出授予实用新型专利权或者外观设计专利权的决定,发给相应专利证书,同时予以登记和公告。实用新型专利权和外观设计专利权自公告之日起生效。

⑦ 发明专利权的期限为 20 年,实用新型专利权和外观设计专利权的期限为 10 年,均自申请日起计算。

⑧ 专利权人应当自被授予专利权的当年开始缴纳年费。

二、企业商标的注册及管理

(一)商标的概念

商标是商品的生产者、经营者在其生产、制造、加工、拣选或者经销的商品上或者服务的提供者在其提供的服务上采用的,用于区别商品或服务来源的,包括文字、图形、字母、数字、三维标志、颜色组合和声音等,以及上述要素的组合,具有显著特征的标志,是现代经济的产物。

商标是用来区别一个经营者的品牌或服务和其他经营者的商品或服务的标记。我国商标法规定,经商标局核准注册的商标,包括商品商标、服务商标和集体商标、证明商标,商标注册人享有商标专用权,受法律保护;如果是驰名商标,将会获得跨类别的商标专用权法律保护。

根据《中华人民共和国商标法》(2019 年修正),任何能够将自然人、法人或者其他组织的商品与他人的商品区别开的标志,包括文字、图形、字母、数字、三维标志、颜色组合和声音等,以及上述要素的组合,均可以作为商标申请注册。

在标注商标时应在其右上角加注®,是"注册商标"的标记,意思是该商标已在国家商标局进行注册申请并已经商标局审查通过,成为注册商标。圆圈里的 R 是英文 register 注册的开头字母。

注册商标具有排他性、独占性、唯一性等特点。注册商标属于注册商标所有人所独占,受法律保护,任何企业或个人未经注册商标所有权人许可或授权,均不可自行使用,否则将承担侵权责任。

TM 是商标申请注册中的意思,即标注 TM 的文字、图形或符号是正在等待国家核准的商标,国家已经受理注册申请,但不一定会核准注册。TM 是英文 trademark 的缩写。

企业使用的商标必须按照法律程序进行注册,若商标不经过注册,商标使用人对该商标就不享有商标专用权。这样商标就不能起到标示商品来源的作用,消费者也会混淆对商品的认知。此外,未注册商标还有一个严重的弊端,即一旦他人抢先注册该商标,就享有了该商标的专用权,该商标的最先使用人反而不能再使用该商标。根据我国《商标法》,商标专用权的原始取得只有通过商标注册取得,而申请商标注册又采用申请在先原则。即对一个未注册商标来讲,谁先申请注册,该商标的专用权就授予谁。有律师认为,未注册商标还有一个致命后果,就是未注册商标有可能与在相同或类似商品上已注册的商标相同或者近似,从而发生侵权行为。侵权行为一旦发生,则由侵权人承担侵权的法律后果。为了防止被抢注,创业公司需要提前将公司名称、品牌名、LOGO、App icon、产品等重要信息注册为商标。

(二)商标的申请

商标申请注册流程分商标查询和申请注册两步:第一步是商标查询,即根据客户提交的商标及商标使用的商品或服务给予专业的查询,依据查询的结果给予客户需申报商标注册可行性分析及建议,最大限度降低商标被驳回的风险;第二步即申请注册。

1. 商标申请的途径

目前,商标申请的途径主要有两种:第一种途径是申请人自行前往商标局商标注册大厅办理,另一种途径是申请人委托商标代理机构进行代办。自行申请和委托申请两者比较而言,自行办理只需支付必要的规定费用,但是需要耗费申请人较多时间和精力。委托办理节约申请人的时间和精力,但需收取一定的委托办理费用。

2. 商标申请的资料

以企业名义进行商标申请的自然人和法人,均需提交以下资料。

① 加盖申请人公章的商标申请书一份,商标图样 6 张。这里需要特别注意的是,商标的图样一定要清晰,而且符合相关规格,比如尺寸和颜色。另外,如果申请注册的商标是人物头像,还需提供经过公证的肖像权人同意将此肖像作为商标注册的证明文件。

② 申请人主体资格证明文件(营业执照等)的原件及复印件,若非申请人本人办理,还需提供经办人的身份证及复印件。如果委托商标代理机构办理的,则还需提供除申请人主体资格证明文件(营业执照等)的原件及复印件、经办人的身份证及复印件以外的一份商标代理委托书。

3. 商标申请书填写注意事项

① 商标申请的相关资料必须是打印版。特别提醒,对于手写的商标申请书资料,商标局是不予受理的。

② 商标申请人的名称和地址必须严格按照主体资格证明文件填写。如果主体资格证明文件中的地址省去了申请人所在省、市名称的,申请人填写时必须自行加上。

③ 商标申请人的名义公章必须与主体资格证明文件上所登记的企业名称完全一致。

④ 商标申请书递交后不得改动,递交前请仔细检查。如果填写错误需更改,则需要提交《更正商标申请/注册事项申请书》并交纳相关费用。此外,申请人、商品或服务项目、商标图样是不可以更换的。

需要注意的是,申请人在商标申请前最好登陆商标局网站查询该商标状态,看所想申请的商标是否已经被注册或者是否有相似商标,再根据查询的商标结果提交申请书。因为,一个商标从申请到核准注册的周期为一到两年,如果商标申请被驳回,损失费用事小,重新申请的时间事大,新的商标又要花上一到两年的时间。所以申请商标时一定要注意相关事项。

三、企业著作权及管理

(一)著作权的概念

著作权亦称版权,版权的英文是 copyright,也就是复制权。著作权是指作者对其创作的文学、艺术和科学技术作品所享有的专有权利。著作权是公民、法人依法享有的一种民事权利,属于无形财产权。

在中华人民共和国境内,凡是中国公民、法人或者非法人组织的作品,不论是否发表都享有著作权;外国人的作品首先在中国境内发表的,也依著作权法享有著作权;外国人在中国境外发表的作品,根据其所属国与中国签订的协议或者共同参加的国际条约享有著作权。

广义的著作权,包括(狭义的)著作权、著作邻接权、计算机软件著作权等,属于著作权法规定的范围。这是著作权人对著作物(作品)独占利用的排他的权利。狭义的著作权又分为发表权、署名权、修改权、保护作品完整权和获得报酬权(著作权法第 10 条)。著作权分为著作人身权和著作财产权。著作权与专利权、商标权有时有交叉情形,这是知识产权的一个特点。

1. 著作权的主体
① 作者;
② 其他依照本法享有著作权的公民、法人或者非法人组织。

2. 著作权的客体
著作权的客体是作品,是指文学、艺术和科学领域内具有独创性并能以某种有形形式复制的智力成果。

作品包括:①文字作品;②口述作品;③音乐、戏剧、曲艺、舞蹈、杂技艺术作品;④美术、建筑作品;⑤摄影作品;⑥视听作品;⑦工程设计图、产品设计图、地图、示意图等图形作品和模型作品;⑧计算机软件;⑨符合作品特征的其他智力成果。

作品要具有以下特征：一是作品必须是一种智力创作成果；二是作品应当具有独创性；三是作品必须具有可复制性。

3. 著作权的保护原则

我国著作权法采用自动保护原则。作品一经产生，不论整体还是局部，只要具备了作品的属性即产生著作权，既不要求登记，也不要求发表，也无须在复制物上加注著作权标记。

2000 年，最高人民法院颁发了《关于审理涉及计算机网络著作权纠纷案件适用法律若干问题的解释》规定，著作权登记证书是证明著作权属的有力证明。虽然著作权属从作品完成之日就自动产生，无须经过登记程序。但在网络时代，信息复制和传播的速度非常之快，著作权人对复制和传播媒体的控制有难度。作品一旦经过多个渠道广泛流传，要证明原始作者的身份就有一定困难。因此，主动申请著作权登记是证明自己著作权人身份的最好办法。

4. 著作权的保护期限

作品的作者是公民的，保护期限至作者死亡之后第 50 年的 12 月 31 日；作品的作者是法人、非法人组织的，保护期限到作者首次发表后第 50 年的 12 月 31 日。但是作者的署名权、修改权、保护作品完整权的保护期不受限制。

著作权也是版权，软件、图片、文字等作品都可以申请著作权。版权登记是一种自愿性质的登记，由著作权人向登记机构提出申请，登记机构经初步审核合格后，依法予以登记并颁发著作权登记证书。该登记证书是著作权人对所登记的作品合法享有著作权的证明，国家司法和行政机关予以承认。著作权自作品创作完成之日起就已经自动产生，不必依靠登记来取得。但作品著作权登记的意义在于被侵权时能举证证明公司对该件作品享有著作权，从而获得著作权法的保护。对于涉及软件开发、文学创作、艺术等相关业务，或拥有移动 App 的互联网创业公司来说，提前进行著作权登记是很有必要的。

面对蓬勃汹涌的创业大潮，对于大众创业来说，不论是自主创业，还是加入创业团队，如何做好包括商标在内的各类知识产权品牌建设和创意保护，合理使用知识产权竞争壁垒，避免侵犯他人的知识产权，在日常经营活动中尤为重要。随着国家经济体制改革的日益完善，以及"双创"环境的迅猛发展，更多的技术人员或公司骨干走上自主创业的道路。而随着公众对于新产品认知的增加和商业模式的接纳，初创型公司往往可以在短时间内获得资本市场的青睐。没有了资金的压力，初创型公司可以更好地研发自己的产品，推广自己的品牌，占领巨大的蓝海市场，但问题也随之而来，知识产权保护意识薄弱则成为普遍现象。

（二）著作权登记的意义

1. 作为税收减免的重要依据

财政部、国家税务总局《关于贯彻落实〈中共中央、国务院关于加强技术创新，发展高科技，实现产业化的决定〉有关税收问题的通知》规定，对经过国家版权局注册登记，在销售时一并转让著作权、所有权的计算机软件征收营业税，不征收增值税。

2. 作为法律重点保护的依据

《国务院关于印发鼓励软件产业和集成电路产业发展若干政策的通知》第三十二条规定，国务院著作权行政管理部门要规范和加强软件著作权登记制度，鼓励软件著作权登记，并依据国家法律对已经登记的软件予以重点保护。比如，软件版权受到侵权时，对于软件著作权登记证书，司法机关可不必经过审查直接作为有力证据使用；这也是国家著作权管理机关惩处侵犯软件版权行为的执法依据。

3. 作为技术出资入股

《关于以高新技术成果出资入股若干问题的规定》规定，计算机软件可以作为高新技术出资入股，而且作价的比例可以突破公司法 20% 的限制达到 35%。甚至有的地方政府规定"可以 100% 的软件技术作为出资入股"，但是都要求首先必须取得软件著作权登记。

4. 作为申请科技成果的依据

科学技术部关于印发《科技成果登记办法》的通知第八条规定，办理科技成果登记应当提交《科技成果登记表》及下列材料：应用技术成果相关的评价证明（鉴定证书或者鉴定报告、科技计划项目验收报告、行业准入证明、新产品证书等）和研制报告；或者知识产权证明（专利证书、植物品种权证书、软件登记证书等）和用户证明。这里的软件登记证书指的是软件著作权的登记证书和软件产品登记证书，其他部委也有类似规定。

5. 企业破产后的有形收益

在法律上著作权视为"无形资产"，企业的无形资产不随企业的破产而消失。在企业破产后，无形资产（著作权）的生命力和价值仍然存在，该无形资产（著作权）可以在转让和拍卖中获得有形资金。

（三）著作权登记的程序

著作权登记包括《著作权法》第三条所列的作品，如文字作品，口述作品，音乐、戏剧、曲艺、舞蹈、杂技艺术作品，美术、建筑作品，摄影作品等。

版权登记的主要流程：提交作品—版权委托书—提交营业执照复印件、身份证复印件—交费—受理—审查—授予证书（大概 30 个工作日）。

可选择个人去版权局登记或者委托相关的代理机构办理登记，需要的材料如下。

① 作品登记表（一式两份）。

② 作品登记申请书。

③ 版权代理委托书。

④ 权利保证书。

⑤ 作品创作说明书。

⑥ 法人作品：a. 营业执照复印件。b. 法定代表人身份证复印件；非法人单位：身份证复印件。

⑦ 登记作品复印件、权利归属证明(或协议书)。

⑧ 美术作品登记应提交 155 mm×115 mm 作品复印件(一式两份)。

⑨ 计算机软件登记材料:计算机软件著作权登记申请表,计算机软件著作权转让、专有许可合同登记申请表,计算机软件著作权变更或补充登记申请表。

作品登记不是获得著作权的必要手续,即可登记也可以不登记,并不影响作者或著作权人依法取得著作权。但登记作品有助于解决著作权纠纷,能作为解决著作权纠纷的证据。作品登记可到省、自治区、直辖市版权局登记,国家版权局负责外国和港澳台地区作者或其著作权人的作品登记。申请登记的作者必须具有创作能力,进行了创作活动且有了创作出的作品。

实操训练

趣味游戏:搭桥过河

项目类型:思维拓展游戏

活动目的:旨在培养学生们思维发散以及战略战术能力

参赛人员:每队派 6 人上场(2 男 4 女)

场地要求:一片空旷的大场地

比赛赛距:30 米

需要道具:小地毯(报纸或者毛巾布等)

竞赛方法:赛道两头各一组,每组分三人自由组合。起点组手持四块"小地毯",由第一名队员向前搭放"小地毯",第三个队员不断地把身后的"小地毯"传给第一个队员,三人踩着"小地毯"前进 30 米,要求脚不能触地,绕过障碍物回到起点。待三人全部过界后另一组将接过"地毯"以同样的方式往回走,最先到达起点的为胜。按时间计名次,按名次计分。

竞赛规则:

(1) 参赛队队员在起点线外准备,待一组队员全部到达终点时另一组才能开始接力。

(2) 比赛过程中只要有脚触地的情况均视为犯规,并按触地次数对比赛用时给予增加。

复习思考题

一、名词解释

1. 创新成果

2. 知识创新成果

3. 发明

4. 方法发明

5. 生活资料类发明

二、单选题

1. 尼古拉·哥白尼是文艺复兴时期波兰数学家、天文学家，他提倡日心说模型，提到太阳为宇宙的中心。1543 年，哥白尼临终前发表了《天体运行论》。请问，《天体运行论》属于（　　）创新成果？

    A. 技术创新成果

    B. 制度创新成果

    C. 知识创新成果

    D. 内容创新成果

2. 人们在进行创造性活动时，所取得的成果可能会因为不适应社会和经济发展阶段而无法应用。这体现了创新成果的（　　）特征？

    A. 价值取向性

    B. 目的性和偶尔性

    C. 新颖性

    D. 时效性

3. 2019 年大概可以称得上是 5G 技术娱乐应用的元年。5G 的理论传输速度可以达到 10GB/s，是 4G 的 100 倍，可以达到万物互联。在互联网高速发展的今天，5G 技术将为人工智能、无人驾驶、云技术等一系列高端信息技术铺路，让人类迎来许久未见的技术大爆发。请问，5G 技术是属于（　　）创新成果？

    A. 技术创新成果

    B. 制度创新成果

    C. 知识创新成果

    D. 内容创新成果

4. 苏联发明家根里奇·阿奇舒勒在其"发明问题解决理论"中，根据发明的难易程度将发明分为了五个级别。其中属于重大发明，推动了全球科技进步的发明是（　　）发明？

    A. 第一级发明

    B. 第二级发明

    C. 第三级发明

    D. 第四级发明

    E. 第五级发明

5. 优客工场属于（　　）创新平台？　　　　　　　　　　　　　　　　（　　）

    A. 产业链服务型

    B. 投资驱动型

    C. 地产思维型

D. 综合生态型

6. 保持原有功能不变的前提下,用组合的方法构建新的技术系统,通常是采用全新的原理来实现系统的主要功能,全面升级现有的技术系统,属于(　　)发明。

A. 第一级发明

B. 第二级发明

C. 第三级发明

D. 第四级发明

E. 第五级发明

7. 发明成果以有形的物品形式存在,我们把这样的发明分类为　　　　　(　　)

A. 专利发明

B. 非专利发明

C. 物品发明

D. 方法发明

8. 中国"互联网+"大学生创新创业大赛首次举办于 2014 年,每(　　)年举办一次,现已经成为覆盖全国所有高校、面向全体高校学生、影响最大的赛事活动之一。

A. 1

B. 2

C. 3

D. 4

9. 众创空间的概念外延是科技创业孵化链条的(　　)环节。

A. 后期

B. 中期

C. 前期

D. 早期

10. 1978 年,小岗村十八户农民冒着极大的风险立下"生死状",在土地承包责任书上按下了红手印,由人民公社时的大锅饭变革为家庭联产承包责任制。这一改革创新,不仅缔造了"小岗精神",而且为全国人民在较短的时期内稳定地跨过温饱线奠定了制度基础,成为农业农村发展的原动力。当时的家庭联产承包责任制是(　　)创新成果?

A. 技术创新成果

B. 制度创新成果

C. 知识创新成果

D. 内容创新成果

三、判断题

1. 创新成果是指为了一定的目的,通过各种创新思维和创新方法,针对各类知识、技术以及制度等进行创造性活动所取得的具有应用价值的成果。　　　　　　　　(　　)

2. 方法发明是指为解决某特定技术问题而采用的手段和步骤。 （　　）

3. 制度创新往往伴随知识创新和技术创新进行，随着社会生产和生活需要的发展而不断演化，并为其提供系统的保障。 （　　）

4. 技术创新成果主要包括原材料的发明创造、新的生产方式和加工工艺的使用、新产品的开发和使用、新的产品流通形式、新的制度等。 （　　）

5. 根据发明是否符合《专利法》要求并成功申报专利，可以将发明分为专利发明和非专利发明两类。 （　　）

6. 第二级发明是指在本领域范围内的正常设计，或仅对已有系统进行简单改进和仿制所做的工作，依靠设计人员自身掌握的常识和一般经验就可以完成，通常被称为不是发明的发明。 （　　）

7. 中国"互联网＋"大学生创新创业大赛首次举办于 2014 年，每年举办一次，现已经成为覆盖全国所有高校、面向全体高校学生、影响最大的赛事活动之一。 （　　）

8. 众创空间是应对创新带来的全球化竞争并作为中国经济转型和保增长的双引擎之一。 （　　）

9. 海尔开放创新平台（HOPE）是由海尔开放式创新中心开发并运营，致力于打造全球最大的创新生态系统和全流程创新交互社区，服务于全球的创新者。 （　　）

参 考 文 献

[1] 习近平. 高举中国特色社会主义伟大旗帜 为全面建设社会主义现代化国家而团结奋斗:在中国共产党第二十次全国代表大会上的报告[M].北京:人民出版社,2022.

[2]《党的二十大报告学习辅导百问》编写组. 党的二十大报告学习辅导百问[M].北京:学习出版社,党建读物出版社,2022.

[3] 丁欢,汤程桑. 创新与创业教育指导[M].南京:南京大学出版社,2015.

[4] 王卫东,黄丽萍. 大学生创业基础[M].北京:清华大学出版社,2015.

[5] 李家华. 创业基础[M]. 2 版.北京:北京师范大学出版社,2014.

[6] 孙洪义. 创新创业基础[M].北京:机械工业出版社,2016.

[7] 张玉利,等. 创业管理[M].北京:机械工业出版社,2013.

[8] 朱建新. 创业管理[M].北京:高等教育出版社,2015.

[9] 王桂亮,王三刚,易和平. 就业指导与创业教育[M].北京:中国人民大学出版社,2017.

[10] 袁凤英,等. 创新创业能力训练[M].北京:中国书籍出版社,2014.

[11] 鲁百年. 创新设计思维[M].北京:清华大学出版社,2015.

[12] 贺尊. 创业学概论[M]. 2 版.北京:中国人民大学出版社,2015.

[13] 邓立治. 商业计划书:原理与案例分析[M].北京:机械工业出版社,2015.

[14] 武正林,秦殿军. 大学生创业基础教程[M].南京:南京大学出版社,2011.

[15] 刘云兵,王艳林. 大学生创新创业教程[M].北京:人民邮电出版社,2017.

[16] 姚列铭. 创新思维观念与应用技法训练[M].上海:上海交通大学出版社,2011.

[17] 李伟,张世辉. 创新创业教程[M].北京:清华大学出版社,2015.

[18] 吕丽,流海平,顾永静. 创新思维:原理·技法·实训[M]. 2 版.北京:北京理工大学出版社,2017.

[19] 赵光锋,肖海荣. 创新创业教育:让大学生走在时代的前沿[M].北京:中国纺织出版社,2018.

[20] 张志胜. 创新思维的培养与实践[M].南京:东南大学出版社,2018.

[21] 李肖鸣. 创新创业实训[M].北京:清华大学出版社,2018.

[22] 周苏. 创新思维与 TRIZ 创新方法[M]. 2 版.北京:清华大学出版社,2018.

[23] 胡飞雪. 创新思维与方法[M].北京:机械工业出版社,2019.

[24] 杨卫军,赵娇.创新创业基础[M].北京:高等教育出版社,2018.

[25] 师建华,黄萧萧.创新思维开发与训练[M].北京:清华大学出版社,2018.

[26] 陈敬全,孙柳燕.创新意识[M].上海:上海科学技术出版社,2010.

[27] 游永春,邓炜,金启晗.发明创造学[M].北京:北京工业大学出版社,2018.

[28] 人力资源和社会保障部教材办公室.互联网＋创业基础培训教程[M].北京:中国劳动社会保障出版社,2016.

[29] 李时椿,常建坤.创业基础[M].北京:高等教育出版社,2014.

[30] 王辉.智慧产业[M].北京:中信出版社,2018.

[31] 朱雷,杨欢,张世才.互联网＋模型构建:深度解读互联网＋的8大核心技术[M].北京:机械工业出版社,2017.

[32] 高航,俞学劢,王毛路.区块链与人工智能:数字经济新时代[M].北京:电子工业出版社,2018.

[33] 强磊,勾善文,林明,等.互联网＋智慧城市核心技术及行业应用[M].北京:人民邮电出版社,2018.

[34] 宋晋生.创造学与创新工程[M].西安:陕西科学技术出版社,2015.

[35] 井永腾.创造学基础简明教程[M].哈尔滨:哈尔滨工程大学出版社,2017.

[36] 姚凤云,戴国宝,李远航.创造学与创新管理[M].2版.北京:清华大学出版社,2016.

[37] 陈吉明.创造学与创新实践[M].2版.北京:科学出版社,2019.

[38] 梁世瑞,梁恒,卢婷.创新者共性特质密码[M].北京:国防工业出版社,2015.

[39] 海迪 M.内克,帕特里夏 G.格林,坎迪达 G.布拉什.如何教创业:基于实践的百森教学法[M].薛红志,等,译.北京:机械工业出版社,2015.

[40] 罗德·贾金斯.学会创新:创新思维过程与方法[M].肖璐然,译.北京:中国人民大学出版社,2017.

[41] 杰夫·戴尔,赫尔·葛瑞格森,克莱顿·克里斯坦森.创新者的基因[M].曾佳宁,译.北京:中信出版社,2013.

[42] 彼得·德鲁克.创新与企业家精神[M].蔡文燕,译.北京:机械工业出版社,2007.

[43] 徐明."互联网＋"时代的大学生创业模式选择与路径优化[J].中国青年社会科学,2015,34(5).

[44] 赵军,杨克岩."互联网＋"环境下创新创业信息平台构建研究:以大学生创新创业教育为例[J].情报科学,2016,34(5).

[45] 谭晋钰."互联网＋"大学生创新创业大赛校赛实践与思考[J].高教学刊,2017(9).

[46] 王占仁,刘海滨,李中原.众创空间在高校创新创业教育中的作用研究:基于全国6个城市25个众创空间的实地走访调查[J].思想理论教育,2016(2).

[47] 陈群.为高校创新创业教育提供全面支撑[N].中国教育报,2015-07-18.